化学史话

中国科技史话·插画本

THE HISTORY OF SCIENCE AND TECHNOLOGY IN CHINA

王渝生　主编
容志毅——编著

上海科学技术文献出版社
Shanghai Scientific and Technological Literature Press

图书在版编目（CIP）数据

化学史话 / 容志毅编著．—上海：上海科学技术文献出版社，2019（2022.9重印）
（中国科技史话丛书）
ISBN 978-7-5439-7818-8

Ⅰ．①化… Ⅱ．①容… Ⅲ．①化学史—中国—普及读物 Ⅳ．① O6-092

中国版本图书馆 CIP 数据核字（2018）第 298951 号

“十三五”国家重点出版物出版规划项目

选题策划：张　树
责任编辑：姜　曼
封面设计：周　婧
封面插图：方梦涵　肖斯盛

化学史话
HUAXUE SHIHUA
王渝生　主编　容志毅　编著
出版发行：上海科学技术文献出版社
地　　址：上海市长乐路 746 号
邮政编码：200040
经　　销：全国新华书店
印　　刷：昆山市亭林印刷有限责任公司
开　　本：720×1000　1/16
印　　张：8.5
字　　数：118 000
版　　次：2019 年 4 月第 1 版　2022 年 9 月第 4 次印刷
书　　号：ISBN 978-7-5439-7818-8
定　　价：38.00 元
http://www.sstlp.com

目录
Contents

中国古代化学史概况

17 世纪，化学作为一门独立的学科开始形成。这归功于英国科学家罗伯特·波意耳（Robert Boyle，1627—1691），他在《怀疑派化学家》中首次科学定义元素时提出：“化学的对象和任务就是要寻找和认识物质的组成和性质。”化学学科的研究对象是物质世界，它探究物质的组成、结构、性质及其变化规律；同时，遵循这些规律进行科学实验和实践研究。一直以来，人类都在探寻物质的本源及其变化。因此，化学的发展历程比化学成为一门系统的学科的历史要久远得多。化学的发展历程本身，其实就是一部丰富的化学史。它既不属于化学，也不属于历史，而是化学与历史交叉科学史的分支之一，隶属于科学技术史一级学科。

19 世纪，伴随西方工业文明的兴起和扩张，掀起了“西学东渐”的浪潮。“化学”作为近代科学的门类之一，开始在清朝晚期的中国登场。“化学”这个名词在中国的出现，始于清朝咸丰年间。1855 年，近代思想家王韬（1828—1897）在上海从事新闻出版行业时，从中国内地会（China Inland Mission）创始人、英国人戴德生（James Hudson Taylor，1832—1905）口中得知“化学”一词。当时，王韬还将这个名词记录在他的《蘅华馆日记》中。

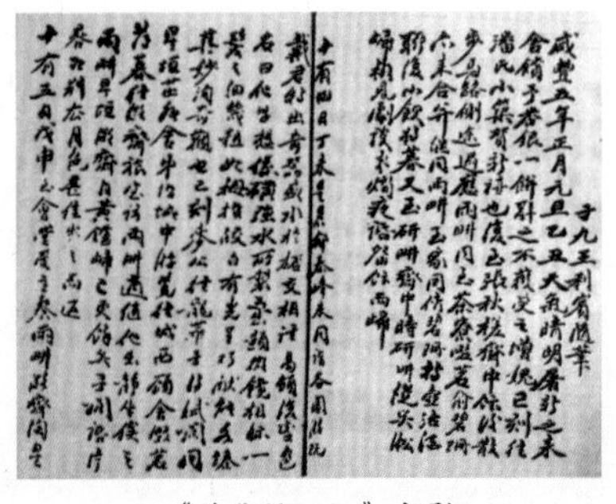

《蘅华馆日记》书影

“十有四日丁未，是晨郁泰峰来，同诣各园游玩，戴君特出奇器，盛水于桮交相注，曷顿复变色，名曰化学，想系磺强水（硫酸）所制。”

1855年，英国医师合信（Benjamin Hobson，1809—1873）在上海出版了一种自然科学概论的著作《博物新编（三集）》。其中初集为气象学、物理学和化学，提到“养气（氧气）”“轻气（氢气）”“淡气（氮气）”“炭气（一氧化碳）”，而且首次提到化学专有名词“硝强水（硝酸）”“磺强水（硫酸）”“盐强水（盐酸）”，并介绍了相关的化学性质和具体制作方法。1956年，英国人韦廉臣（Alexander Williamson，1829—1890）在《格物探源》中接受了“化学”一词的用法，并讲述了相关的化学知识。如书的第三卷“元质（元素）”写道：“轻二养一成为水，鏀一绿一成为盐（NaCl），铗一淡一养三成为火硝（ANO_3）。读化学一书，可悉其事。”

“化学”一词以及与化学相关术语的引入中国，确实始于清朝晚期。这表明只是到了近代，中国的传统文明才和西方的近代科学，在交流和对话中逐步融入同一套科学系统中，使用共通的科学话语。然而，中国古代化学产生和发展的历史，以及所取得的成果，确实又是源远流长，值得后人自豪和继承的丰厚财富。

考古与田野所见化学知识

中国的传统文化中一直流传“阴阳五行（金、木、水、火、土）”的观念和学说。其实，这就是关于物质世界本源及其变化的朴素认识。中国古人在“五行”的探索实践中，火的历史尤为久远，影响之大可见一斑。关于火的使用和经验总结，直接成为人类新的解放手段之一。因此，我们讲中国古代的化学知识，还得先从火开始谈起。

先秦时期的古书记载了取火的化学知识。《庄子 · 外物》说道“木与木相摩则然（燃）”。古人取火的具体方法大致有四种，即磨、钻、锯、打。中国古书里记载，用两块小木头相互摩擦而起火的取火方式，又往往以钻木取火流传较为广泛。比如《管子 · 禁藏》讲道：“当春三月，……钻燧易火，杼井易水，所以去兹毒也。”《管子 · 轻重己》又提道：“冬尽而春始，教民樵室、钻燧、墐灶、泄井，所以寿民也。”《论语 · 阳货》还记载：“旧谷既没，新谷既升，钻燧改火，期可已矣！”

《礼记 · 内则》也说道“木燧，钻火也”。钻木取火对操作的方法也是有讲究的。《淮南子 · 说林训》曰：“以燧取火，疏之则弗得，数之则弗中，正在疏、数之间。”古书里关于这句话的注中提道：“疏，犹迟也；数，犹疾也。得其节，火乃生。”其中，可见钻木的速度张弛有度，才是成功取火的关键。先秦文献记载关于火的使用，是远古时代的人类在总结生产生活的实践经验中流传下来的。

远古人类取火的古老记载，除了文献之外，还可从一些考古出土的文物中得到更为久远的实证。中国古代取火用火的历史至少不晚于陶瓷烧制的时间。目前，出土取火文物较为丰富的是中国的新疆地区。1980 年，新疆罗布泊地区孔雀河下游的古墓沟墓地出土的一件长条形木板，一边有许多刻槽，长 30 厘米，宽 5.4 厘米，厚 1.50~0.28 厘米。新疆文物考古研究所的专家于志勇推测，这很可能是钻木取火器使用母板中的预制件。这个物件的制作和使用时间，距今大致在 3800 年左右。这正是楼兰美女（新疆考古专家在新疆罗布泊的小河墓地发掘出一具女性干尸，史称“楼兰美女”）生活的时代，相当于当时中原的夏朝中期。

1906 年，英国著名考古学家马克 · 奥雷尔 · 斯坦（Marc Aurel Stein，1862—1943），在楼兰古城（即楼兰遗址）发现一件（编号 L. A. v. ii. 1）钻木取火板和钻木棒用细毛绳联结在一起，取火板为长方形，一边有 4 个钻眼，孔眼内有烧焦的炭黑痕迹。板的中部侧边穿有 1 孔，穿绳与钻木杆相连。取火板长 9.53 厘米；钻木杆

古代钻木取火器具

新疆孔雀河古墓沟墓地出土的长条形木板取火器

楼兰古城出土的钻木取火板和钻木棒

楼兰遗址出土的一件钻木取火器

长 71.12 厘米；1913 年，斯坦又在楼兰遗址发现有一件钻木取火器（编号 L. F. ii. 06）是用长方形木板制成，靠边缘一侧上有 3 个钻眼，板的中部有 2 个钻眼。此后，考古专家陆续在新疆及附近地区，发现早期铁器时代至汉晋时期的遗址出土了大量的取火器。

此外，在少数民族地区仍流传一些古老的化学技艺和相关知识。1952 年秋，中山大学人类学家张寿祺教授在海南岛乐东县三平村调查，发现当地的黎族老人仍使用“钻木取火”这种古老的用火方法。具体的操作方法是：“首先，取一根山麻木，把它削成扁平，再在上面刻下一个稍浅的凹穴。再在凹穴旁边刻上一条浅浅的缺槽。弄好后，把它放在地上，再折一根山麻细枝当作小棍子。人坐在地上用两只脚把刻有穴和缺的山麻木按着，然后拿着小棍子以一端接在凹穴上，双掌用力把棍子搓起来，棍子急速回旋，棍子末端与凹穴接触处遂发生剧烈的摩擦。由于这样摩擦，凹穴里逐渐生出一些木屑粉末，沿着缺槽落下堆在缺槽的旁边。棍子末端与凹穴不断地摩擦，凹穴里遂生热，剧烈摩擦继续下去，凹穴因热而生出火花，飞出缺槽，点燃堆在缺槽旁的木屑粉末，可见这些木屑粉末有烟升起，就知道已着火了，再把这些燃着的木屑粉末放在一把事先已准备好的干茅草里顺口一吹，茅草就燃起了火焰。”李露露写的《热带雨林的开拓者》详细介绍了黎族以石钻火、手钻法、弓钻法等取火方式。这种类似的取火方式，也广泛存在于其他的少数民族地区。比如云南的苦聪人将晒得干透了的芭蕉根放在地上，用两根竹竿来回摩擦许久，就能迸出火花，将芭蕉根燃着。此外，还有云南佤族利用绳索在木杆上摩擦取火。鄂伦春族用两个快速旋转的石盘相互击打取火。拉祜族用两块竹子相锯取火。这种拉锯式取火方法，在中国台湾地区少数民族中也有流传，如乾隆《凤山县志》卷三说少数民族“取竹木相锯而出火”。中国内

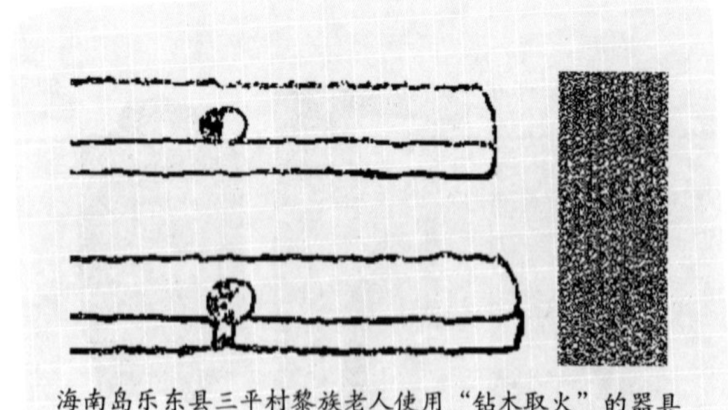
海南岛乐东县三平村黎族老人使用“钻木取火”的器具

地的贵州苗族也用这种拉锯式快速摩擦的方法取火，并将发明这种取火方法的人奉为“竹王”。

裴李岗文化双耳壶

虽然人类很早就掌握了取火的方法，但是这并不意味着人类就掌握了烧陶、铸鼎的技术，但是，制陶、铸鼎的关键还在于火候的把握。因此,古人开始烧制陶器，以及在青铜时代铸鼎，那必定是人们已经掌握了取火用火的技术。道家学派的经典《道德经》第十一章说道:“埏埴以为器，当其无，有器之用。”老子以制作陶器，向世人宣讲“无”和“用”的道理，说明在他之前，制陶是非常普遍的事了。

新石器时代早期文化的重要标志就是陶器的出现。从考古出土来看，中国烧制陶器的历史，可以追溯至12000年以上。江苏溧水神仙洞发现的陶片，经鉴定距今10200—12200年。江西万年仙人洞出土的原始陶器，大约在前9000—14000年。湖南道县玉蟾岩洞穴遗址发现的陶器，也在10000年以上。河北徐水南庄头遗址发现的陶器碎片，经专家鉴定距今9700—10510年。此后，陶器在中国早期人类遗址中大量涌现。1977年，河南新郑发掘的裴李岗新石器时代遗址，不仅是前仰韶文化的代表之一，也是黄河流域新石器时代早期文化的一个典型。目前,在这片地区已发现近百处遗址，出土了数量可观的陶器。据碳14测定,这些陶器距今6900—7500年。此外，河北武安磁山文化遗址出土并复原的陶器477件，大多为夹砂红褐陶，也有泥制红陶，此外，还有少量彩陶。这些陶制品距今7285—7405年。

石器时代以来，因为人类在生产生活中已积累和传承了丰富的化学经验和智慧。公元前21世纪，中国文明迈入青铜时代，由氏族社会过渡到国家阶级的历史时期，也就并非偶然了。

传说故事蕴含的化学知识

古史传说往往是由于后人传诵和记忆的层累叠加而造成。通过上文提到的考察古代化学史的出土文物，可见人类用火的历史甚至比传说的更为久远。类似的传说，我们无法追溯事物起源的考古时代，但是可以大胆地推测：那些传说确实是事有所执，物有所依。

关于钻木取火的传说故事，《韩非子 · 五蠹》讲道：“有圣人作，钻燧取火以化腥臊，而民说之，使王天下，号之曰燧人氏”。在这类文字记载之前的口耳相传记事方式，甚至更为久远。因为在距今百万年前的云南元谋人遗址、陕西蓝田人遗址中发现有炭屑和烧过的动物骨头，都留下了用火的痕迹。

关于酒的发明，有“仪狄作酒，酒始于炎帝或尧舜，酒与天地同时产出”等众多传说。在《吕氏春秋》《战国策》《世本》《太平御览》等古籍中，也记载有造酒的传说。故事中提到虞舜的大臣仪狄发明了造醪的技术，还说杜康创造了秫酒的制作技术。“昔者，帝女令仪狄作酒而美，进之禹，禹饮而甘之，曰：后世必有饮酒亡其国者。遂疏仪狄而绝旨酒。”上古的舜帝时代，舜的女儿命令舜的大臣仪狄，酿造美酒进献给禹。禹饮后，觉得酒非常美味，且预言：今后将会有帝王沉迷于美酒而亡国。此后，禹就疏远了仪狄，也戒了美酒。陶渊明《述酒 · 序》也说到造酒的传说，即“仪狄造酒，杜康润色之”。如今，陕西省白水县、河南省伊川县和汝阳县，仍流传着杜康发明酿造美酒的传说。

目前，夏商之前的上古时代，尚无文字可考。然而，酒作为一种非天然的饮食产品，无疑需要有意识的实践活动才能获得。据清朝陆祚蕃《粤西偶记》记载广西的东北部分地区还有猿猴采花酿酒的事。“粤西平乐等府，山中多猿猴，善采百花酿酒。樵子入山，得其巢穴者，其酒多至数石。饮之，香美异常，名曰猿酒”。猿猴尚且懂得采野生花果酿制美酒，聪明的人类在生活中总结这类经验自然不是难事。只是，人类早期的生产生活经验，更多的是以口耳相传的神话故事，保留部分原始的信息。在口耳相传中，将实际的人物神化，将众人的经验归功于某一神人，那是上古时期传说中常存的事。如今，我们了解到关于酒的出土遗迹和遗址，实际存在的时间或要大大晚于这些传说。比如，河北藁城台西村商朝遗址，出土了商朝中期（约公元前 1300）的造酒作坊，同时，还有人工培养的酵母。此外，位于河南省罗山县天湖村的商周墓群出土了商朝酿造的约一升酒。

中国古代的化学思想

中国古代的化学思想，其实就是关于物质组成、结构、性质及其变化规律的思想认识。它的主要思想有关于物质生成、组成及相互关系的阴阳五行说、元气学说、“小一”概念、端学说，关于物质变化的“自然之所为”“假外物以自坚固”、物质反应等学说。

1. 物质生成及相互关系

中国古代以阴阳五行学说解释物质世界的生成及其相互关系，长期深入影响中国传统社会诸多领域，古代化学亦不例外。阴阳五行学说是古人在长期实践中总结的智慧结晶，深入影响至今。阴阳学说，其实讲的就是变易之说。成书时间约在西周初年的《易经》，系统阐述了“变化之道”。《易经》推演天地阴阳变化的方法有三种，即三易之法：连山（历山、黎山、骊山易）、归藏（龟宫、九宫）、周易。现通行的《周易》，其意思就是“周覆变易”的推演方法。炼丹术中常以“转”为还丹的方法，转即变、易的意思，也是汲取了《易经》之易的思维。万古丹经王《周易参同契》，正是运用《周易》来系统解说炼丹的方法、变化动力和过程等。可见《周易》的变化之道也是中国古代炼丹术的思想基础。阳刚为十，去一为九；阴极为六，少一为五。阳极则衰，阴极则损。五行说认为世间万物是由金、木、水、火、土五种基本物质组成，同时强调相互之间相生相克的物质关系。《淮南子 · 地形训》以五行学说解释物质的生成和物质之间的转化关系。阴阳五行学说解释中国古代对物质世界的统一性、物质分类和物质内部及其之间的关系。它是对物质的一种朴素唯物的认识，成为中国古代化学思想的萌芽。

2. 物质组成的学说

古人曾以哲学思辨的思维方式探讨物质的组成形式，提出了元气学说、“小一”概念、端学说来解释物质的生成、组成形式和结构。

中国古代以元气说来解释万物生成变化，认为元气的聚散造成了万物的生灭。气的生生不息，是宇宙发展演变的根本动力。元气学说以抽象思维解决了物质的分离形态问题，具有唯物特征。《庄子 · 至乐》说道：“察其始而本无生，非徒无生也。而本无形，非徒无形也，而本无气；杂乎芒芴之间，变而有气，气变而有形，形变而有生。”庄子认为气在类似于混沌的“芒芴”之间产生，有形之物（包括人的形体）都是由气的变化而生成，气是事物变化和运动的动力与源泉。《庄子 · 外篇 · 知北游》又说道：“人之生，气之聚也，聚则为生，散则为死。”东汉唯物思想家王充《论衡 · 论死》进一步解释：“气之生人，尤水之为冰也。水凝为冰，气凝为人。”庄子和王充都认为人的形体也是由气凝聚而成的。王充《论衡 · 谈天》还说道：“天地，含气之自然也。”《论衡 · 自然》又讲道：“天地合气，万物自生。”王充认为气是天地万物的本原和实质，天地万物是在气的运动中自然生成的。元气说阐明物质的起源和组成，是一种朴素的唯物观。晋朝嵇康、杨泉，唐朝柳宗元、刘禹锡，宋朝李觏等人在元气学说方面，都有所贡献。其中，北宋张载《正蒙》总结前人关于元气的学说，系统地提出元气本体论。

张载《正蒙 · 乾称》说：“太虚者，气之体。”《正蒙 · 太和》又说：“太虚无形，气之本体，其聚其散，变化之客形尔。”“太虚不能元气，气不能不聚而为万物，万物不能不散而为太虚。”“气之聚散于太虚，犹冰凝释于水，知太虚即气则无‘无’。”气的本体是太虚，太虚即气。气凝聚则为有形之万物，气散则化为太虚。气存在于任何空间，而不存在“无”或说无气的空间。因此，张载认为元气是世间万物的本原，它无处不在。明末清初哲学家王夫之是中国古代哲学的顶峰，他在《张子正蒙注 · 太和篇》中说道：“散而归于太虚，复其氤氲之本体，非消灭也。聚而为庶物之生，自氤氲之常性，非幻成也。……气自足也，聚散变化，而其本体不为之损益。”王夫之用具体的实例论证其观点：“车薪之火，……仍归土，特希微而人不见尔。一甑之炊，湿热之气，蓬蓬勃勃，必有所归；……汞见火则飞，不知何往，而究归于地。有形者且然，况其絪缊不可象者乎？未尝有辛勤岁月之积，一旦悉化为乌有，明矣。故曰往来，曰屈伸，曰聚散，曰幽明，而不曰生灭。”

战国名家学派思想家惠施（约公元前370—前310）提出了“小一”概念，认为“小一”是组成物质的最小单位。《庄子·天下》记载了惠施的这个观点：“历物之意，曰：至大无外，谓之大一；至小无内，谓之小一。”惠施认为物质并非无限可分，当被分割到“小一”时，便已无内部可言，无法再继续分割。战国思想家韩非子（约公元前280—前233）进一步解释物质之所以能被分割，那是因为“凡物之有形者，易裁也，易割也。何以论之？有形则有短长，有短长则有小大”。

中国古代还提出了端学说解释物质的组成形式和结构。墨子的“端”学说是一种以定量式尝试解释物质有限可分的观念。中国古代往往以系统观念认识和探究物质的性质、功能、变化，而较少认识物质组成方式和结构。定性式的科学探究成为中国传统科技的一大特色，当然也有过少数定量式的科学探究成果。战国思想家墨子（约公元前468—前376）提出“端”学说，解释组成物质的内部结构，认为世间万物都存在一个不可再分割的存在物“端”。《墨经》有如下11条内容直接讨论“端”。

体也，若有端。（《经说上》第1条）

端：体之无厚而最前者也。（《经上》第61条）

体：若二之一，尺之端也。（《经说上》第2条）

端：是无间也。（《经说上》第61条）

尺，前于区而后于端。（《经说上》第63条）

端与端俱，尽；尺与端，或尽或不尽。（《经说上》第67条）

两有端而后可。（《经说上》第68条）

非半弗斫则不动，说在端。（《经下》第19条）

景到在午，有端与景长，说在端。（《经下》第20条）

在远近有端与于光。(《经说下》第 20 条)

斫半，进前取也，前则中无为半，犹端也。前后取，则端中也。斫必半，无与非半，不可斫也。(《经说下》第 61 条)

“体之无厚而最前者也”讲的是端的定义，即物体最前处没有厚薄的一个点，也就是说这是一个量度为零的存在物。这个以厚薄来计量的存在物，其量度是无厚为零。这个“端”是不是原子或类似原子的物质，也许并不重要。更重要的是“端”作为存在物存在于每一物体。“是无间也”是对端的解释，即物体的顶端，没有间隙。因此，“端”即顶端、端点之义。这样看来，这个“端”又更像是物理和数学概念。

端有物体中的排列方式,即“仳”“次”两种形式。关于“仳”,《经上》说道“仳：有以相撄，有不相撄也。”而且还进一步解释：“仳：有两端而后可。”《墨经》中的《经上》《经说上》还说到“次”概念。《经上》说：“次，无间而不相撄也。”《经说上》还解释道：“次，无厚而后可。”

在端学说中，古人只讨论了端的存在状态、形式，以及它的排列方式。至于端对整个物质的本质与特征的影响，尚未涉及。因此，后人在讨论古代化学的物质观念和学说时，往往会忽略那些看似备受争议，却又不得不承认的思想萌芽或启蒙成果。

3. 物质变化的思想

早期炼丹家在探究物质的生成和转化过程中，提出了“自然之所为”“假外物以自坚固”等学说。汉朝炼丹经卷《黄帝九鼎神丹经诀》认为丹砂经无数次的转变，可返璞归真，生成黄金：“丹砂色赤，能生水银之白物,变化之理颇亦为证。土得水而成，泥埏之山下有金，其上多有丹砂，变转不已，还复成金，归本之质，无可怪也。”因此，西汉初史学家司马迁《史记 · 孝武本纪》记载，李少君曾以方术向汉武帝讲述长寿之法：“祠灶则致物，致物而丹砂可化为黄金，黄金成以为饮食器则益寿，益寿而海中蓬莱仙者乃可见，见之以封禅则不死，黄帝是也。”先秦时期《管子 · 地数》篇早就说道：“上有丹砂者，下有黄金。”现在我们知道丹砂确实不能转化为黄金，其实这只是“假外物以自坚固”的一种物质观念。然而，更为重要的是《黄帝九鼎神丹经诀》讲到了红色的朱砂可转化为白色的水银（汞）。葛洪在《抱朴子 · 内篇》中也说：“丹砂烧之成水银，积变又成丹砂。”这里反映了当时对物质生成和转化的科学认识。此外，南朝刘宋时的建平王刘景素在《典述》中说：“雌黄千年化为雄黄，雄黄千年化为黄金”；隋朝炼丹家苏元朗《宝藏论》也说：“雌黄伏住火，胎色不移，熔成汁者，点银成金，点铜成银”；南宋成书的《造化指南》说道：“丹砂：受青阳之气，始生矿石，二百年成丹砂，而青女孕，又二百年而成铅，又二百年而成银，又二百年复得太和之气，化而为金。”这些学说都具有朴素的辩证法特征，描述了“自然之所为”的物质进化过程。

古籍中描述化学反应的记载非常丰富，这反映了古人探究物质变化现象及规律的实践活动。西汉淮南王刘安的门客编撰《淮南万毕术》说：“白青得铁即化为铜。”《神农本草经》说：“（曾青）能化金铜”“（空青）能化铜铁铅锡作金”。东晋炼丹家兼医药家葛洪《抱朴子 · 内篇》也说：“以曾青涂铁，铁赤色如铜。以鸡子白化银，银黄如金，而皆外变而内不化也。”南朝梁时陶弘景《本草经集注》也说：“（空青）能化铜为金。”白青和曾青都是蓝铜矿石（$2CuCO_3 \cdot Cu(OH)_2$），两者都能化金铜。白青也称大青、石青、碧青，其中色深为石青不可作颜料，色淡为碧青；曾青，又称层青。这些传抄不息的描述，讲的是铁将铜矿物石中的铜置换出来，发生氧化还原反应：

$$2Fe + 2CuCO_3 \cdot Cu(OH)_2 \rightarrow 3Cu + Fe_2O_3 + H_2O + 2CO_2$$

此外，《神农本草经》还说“（石胆）能化铁为铜成金银”。北宋著名政治家兼科学家沈括《梦溪笔谈》说：“信州铅山县有苦泉，流以为涧，挹其水熬之，则成胆矾；烹胆矾，则成铜，熬胆矾铁釜，久之亦化为铜。水能为铜，物之变化，固不可测。”这些关于物质变化现象的描述，也是金属的置换反应。众多物质反应的记载反映中国古代已有了化学反应理论的胚胎或雏形，这进一步催生了大量炼丹家从事化学实践活动。

炼丹家们在实验和炼丹的操作中，认识了一些化学反应规律，发明和制造了很多的化学实验器具，这直接推动了古代化学事业的进步和发展。一直以来，社会大众和学界普遍认为炼丹术是“伪科学”。因为炼丹术的追求目标是长生成仙，它的一些观念和做法违背了自然和科学的发展规律，脱离了现实的生产生活。但是，炼丹术在实验操作和化学实践的发展过程中，跟其他的科学门类一样，发现和总结了一些科学认识、科学方法，并不断地被质疑真伪、完善和发展，这又是突显了科学的本色。因此，从客观上我们更应该称中国炼丹术是一门“准科学”，因为它在历史长河中探索物质的组成、结构、变化及其规律上做出了不可磨灭的贡献。

古代化学史研究现状

中国著名化学史家傅鹰（1902—1979）在《胶体科学》中说道：“一门科学的历史是那门科学最宝贵的一部分。科学只能给我们知识，而历史却能给我们智慧。研究历史可以使我们对于一门科学的发展有一个比较公平的认识，消除一些偏见，对于未来的远景做一个比较正确的估计。”现代化学家袁翰青先生也曾说：“化学史是了解化学发展过程的重要工具。”近百年来，中国古代化学的研究，确实取得了丰硕的成果。享誉世界的英国科学家李约瑟博士主编《中国科学技术史》（原书计划7卷34分册陆续出版），对中国科学技术与文明的长期探索，可谓成果卓越、影响深远。其中，第5卷“化学及相关技术”，多达7个分册，是这套书中分册最多的一卷。与李约瑟一起工作或合作的学者鲁桂珍、王玲、何丙郁、席文、曹天钦等，均从事中国古代化学史的研究，并取得卓越的成果。中国在改革开放之际，曹元宇《中国化学史话》已比较全面、精辟地介绍了中国的化学史发展历程及成果。历经数十年的耕耘，中国杰出的化学史学者赵匡华和周嘉华著《中国科学技术史 · 化学卷》共9章，无论从化学史的广度，还是深度，均取得了令人瞩目的成果。

1. 多样化的研究资料和方法

湖南长沙马王堆3号汉墓内棺绢袋包裹的丹砂

化学史是一门交叉性强的边缘学科，它的资料来源广泛，涉及人们生产生活的方方面面。一部化学史可以说就是一部鲜活的人类生产生活史。从学术研究的类别来看，主要有考古、田野、文献、实验四类资料。

考古资料往往是研究化学史的第一手重要资料。长沙马王堆汉墓就蕴藏了丰富的化学史内容。比如，帛书《五十二病方》讲到朱砂、汞、硫磺等药物的化学知识。在3号汉墓考古出土的药物也有多种，一是植物类药，即茅香、高良姜、桂皮、花椒、姜、藁本、佩兰；二是动物类药，即牡蛎；三是矿物类药，即朱砂等。此外，汉墓内棺的绢袋中还有茅香、桂皮、花椒、藁本、朱砂等。现在湖南省博物馆展出的千年马王堆汉墓女尸，从出土至今，一直置放于棺内，浸置于红色棺液中。这种红色棺液，源自内棺的鲜红色粉状物，由多层丝绸织成的绢袋所包裹，由于（包裹朱砂的绢袋）长期浸在棺液中，以至成鲜红色的土块状，剥除丝绸即可得到不溶于水的鲜红色粉状物，即辰砂（亦名丹砂，朱砂）。

化学领域的冶金、陶瓷、造纸等研究不仅通过考古获得了第一手资料，同时还采用现代科技考古的手段，分析物质的成分、结构、组成形式、功能及相关化学性质。比如，20世纪90年代，四川绵阳的双包山2号汉墓，出土了一块银白色膏状金属。这是西汉早期（汉武帝元狩五年，公元前118）的墓葬。何志国、孙淑云、梁宏刚等专家运用科技考古的方法，对出土的白色膏状金属进行了检测分析，结果发现它是金汞齐和液态汞的混合物。

虽然科学技术是第一生产力，但是人类社会的发展倘若不知其历史，往往难以全面深入地把握时代的脉搏，知晓和预见未来。整理国故，考察中国古代化学的发展历程，挖掘和汲取其中的优秀成果，成为贯通古今的必修门径。中国古代没有严格意义上的化学专著，

四川绵阳双包山2号汉墓出土的银白色金属质膏泥状物

由汞包裹且相互粘连的固体颗粒（扫描电镜照片）

金、汞颗粒（扫描电镜照片）

但记载化学工艺范畴的资料和涉及化学技艺及相关知识的文献，数量众多，成就卓然。这些技艺成果及文献，往往被人们视为雕虫小技，一直无法得到系统的总结。这对于学习和研究化学史造成极大的困难。1991 年，郭正谊主编《中国科学技术典籍通汇 · 化学卷》（二册），其中收录 47 种著作，涉及炼丹、冶金、医药、饮食（制糖）、陶瓷、玻璃、漆艺、养生、制香、火药等方面。周嘉华曾系统地介绍了中国古代化学史研究中的 15 种著作，如《考工记》《神农本草经》《证类本草》《周易参同契》《齐民要术》《抱朴子》《武经总要》《北山酒经》《酒谱》《道藏》《本草纲目》《天工开物》《武备志》《陶冶图说》《陶说》等。这些著作仅是众多化学史文献的冰山一角，还有更多的典籍亟待我们系统整理和挖掘。中国古代化学研究的早期前辈都非常重视化学史文献的考证研究，如王琎等著《中国古代金属化学及金丹术》、李乔萍《中国化学史》、冯家昇《火药的发明和西传》、袁翰青《中国化学史论文集》、张子高《中国化学史稿 · 古代之部》、曹元宇《中国化学史话》以及陈国符、赵匡华、周嘉华等。这些成果为化学史的文献考证方法树立了榜样。

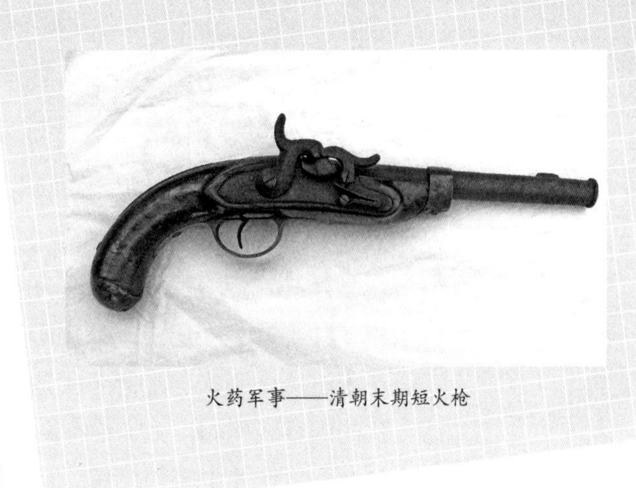
火药军事——清朝末期短火枪

除考古、文献资料外，田野考察也是拓展化学史研究的重要方向。广西壮族自治区上林县有一块清朝道光十六年（1836）火药制造碑刻《造药程式碑》，约 1 200 字，详细记录了当时制造火药的选料、配方、加工程序、制作器具、火药威力、质量要求以及使用规定等具体内容。这是清朝守备营从事军事生产活动的产物，也是了解道光年间西南火药技术和相关军事史实的重要史料。中国台湾从事科学史研究的黄一农院士曾从广西民族大学教授容志毅处获赠这块从田野考察得到的碑文照片，并初步探讨了其火药的具体配方。近年来，本书作者在田野考察中又获知龙胜县有一块《龙胜火药厂碑记》，撰立于清道光十六年（1836）正月，其内容与上林县的火药碑刻如出一辙。这为深入了解和挖掘广西的火药生产历史提供了更有力的支持。此外，化学实验与分析获得的各种数据及物质反应的程式，也是化学史不可或缺的资料。早在 20 世纪 20 年代，章鸿钊就利用古币的金属成分检测资料，研究中国用锌的历史。此外，赵匡华、孟乃昌等前辈学者在化学史的实验资料与方法方面也都起到了突出的表率作用。

考古、文献、田野、实验这四类资料，同时表明有四种学习和研究化学史的路径和方法。当然，在化学史的探究过程中，这些方法往往是多者兼用。化学史不仅需要化学基础（科学实验与分析的能力），还需要历史文献的功底，甚至还需要考古、田野的方式拓展、挖掘和利用化学史的研究。随思维能力的提升，研究视野的扩展，化学史的资料和研究方法也将趋于多样化和系统化。

2. 研究的视野

科学技术无国界，其水平有高与低、先进与落后之别。因此，化学史作为科学技术史的研究分支，不论是地域空间还是学科领域，必定要有全球的研究视野，方可取得相当的成果，并真正地把握化学及其在历史的发展进程和趋势。中国古代化学，或说中国化学史，并不只是在历史上的中国疆域内取得的化学成果，同时还包括了先进的中国人与海外各民族各国进行科技文化交往中，涉及化学史的内容。例如，美国伯特霍尔德 · 劳弗（Berthold Laufer，1874—1934）著作《中国伊朗编：中国对古代伊朗文明史的贡献》涉及大量的化学史知识，其中直接参考引用的医药典籍有宋朝唐慎微著《证类本草》、寇宗奭著《本草衍义》以及明朝李时珍《本草纲目》，还有植物学著作《广群芳谱》《花谱》《植物名实图考》以及杂记《酉阳杂俎》等。此外，还包括中国人取得的化学技艺及相关知识向海外传播的历史及其影响。西南民族地区，历史时期盛行以铜鼓作为权力的象征，如今仍是祭祀和庆典的重器。这与北方重视青铜之鼎类似，形成南鼓北鼎的局面。中国西南少数民族和东南亚民族属于同根生民族——壮泰语族，不论历史上还是现代都传承了铸造和使用铜鼓的技艺及传统。中国人引以为豪的四大发明，宋朝向东传入朝鲜半岛和日本，向西经阿拉伯人传入西亚和欧洲。火药和印刷术传入欧洲加速了封建社会的衰落，推动了资本主义的兴起和发展。不同地域、民族、技艺的交流和发展，推动各民族地区文明的互相交流和发展。拓展研究视野，成为化学史研究取得长足发展的必要条件。

壮乡铜鼓

关于研究视野，有一点尤为值得关注：长期以来，关于中国化学史的研究，往往讲的是汉族人民的化学史，至于历史时期以来少数民族创造和发展起来的化学技艺及相关化学智慧，还有关于国内各民族之间化学技艺的交流与发展，往往被忽视，甚至存在极大的研究空白。广西壮族自治区崇左市宁明花山壁画（留存于广西左江及其支流明江一带，均在崇左市境内）是当地先民从周朝至唐朝用赭红色颜料涂绘而成，描绘了当时的祭祀庆典活动及生产生活场景。壁画颜料的具体成分、加工和绘制的技艺过程，乃至其与当地民族生产生活的关系，仍值得深入探究。蓝靛瑶人从马蓝草中提取蓝靛印染着色，在提蓝和着色过程中的化学技艺与传统文献的记载别无二致。然而，整个蓝靛染织过程均由蓝靛瑶妇女操作完成，并且蓝靛瑶人在加色操作中的配方、过胶、蒸气处理等工序，又结合瑶民的生产生活实际进行了创造性的改良。随着科学教育和民族事业的发展，关于少数民族的化学技艺及其与其他民族之间的交往、交融的关注和研究，将会进一步改观。关注文化的多样性，将推动中国化学史研究向纵深发展。

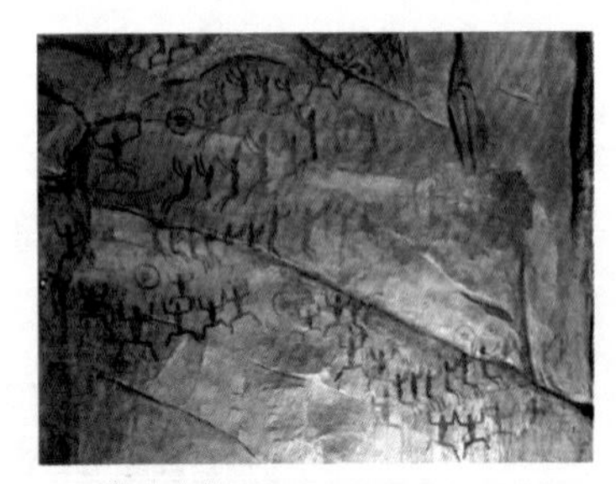
广西花山壁画模型

3. 研究的队伍建设

迄今，专门从事中国化学史研究的人员、发表专门的化学史研究论文的刊物、召开化学史研究会议的科研组织，可从袁翰青、周嘉华、汪常明等人的学术史回顾文章中获得比较全面的认识。一直以来，中国科学院出版的两种期刊《化学通报》（中国科学院化学研究所和中国化学会合办）、《自然科学史研究》（中国科学院自然科学史研究所和中国科学技术史学会合办）是发表化学史论文的主要阵地。

中国化学史研究的学术组织主要有中国科学院化学研究所、中国科学院自然科学史研究所、中国化学会、中国科学技术史学会。这四大学术机构及其专家学者是中国化学史研究的主力军。据王治浩编著的《中国化学家与化学学会》，以及化学史回顾文章，从事化学史研究主要人员先后有章鸿钊（1877—1951）、丁绪贤（1885—1978）、张子高（1886—1976）、王琎（1888—1966）、郑贞文（1891—1969）、李乔萍（1895—1981）、王炳章（1899—1970）、曹元宇（1898—

1988)、恽子强（1899—1963)、鄄云鹤（1899—1988)、陈驹声（1899—1992)、黄素封（1904—1960)、张资珙（1904—1968)、吴鲁强（1904—1936)、鲁桂珍（1904—1991)、袁翰青（1905—1994)、顾敬心（1907—1989)、陈国符（1914—2000)、王奎克（1918—1999)、曹天钦（1920—1995)、凌永乐（1921—)、郭保章（1926—)、赵匡华（1932—)、应礼文（1932—2005)、刘广定（1938—)、周嘉华（1942—)、王德胜（1942—)、张家治（1946—)、杨根、朱晟、孟乃昌等。还有众多学者为化学史的研究和发展辛勤耕耘，如李家治、华觉民等。化学史作为科学技术史一级学科下属的分支学科，一直受到科技史研究人员的广泛重视。其中，北京科技大学科技史研究团队的成员柯俊、韩汝玢、孙淑云、梅建军、李延祥、李晓岑、潜伟等，在冶金史方面取得突出成果，享誉海内外。

此外，海内外科技史学界也有相当数量的学者致力于中国化学史研究，例如英国李约瑟（1900—1995)，澳大利亚何丙郁（1925—2014)，美国席文（1931—)，日本岛尾永康（1920—)、山田庆儿（1932—)、吉田光邦等。

目前，化学史研究的人员正处于人员交接之际，后备力量正在崛起和发展。新兴力量在化学史的研究方法、对象、内容等诸多方面也呈多样化趋向。化学史同古人和当下人们的生产生活均息息相关。例如，2015年荣获诺贝尔医学生理学奖的中医学研究院屠呦呦（1930—）曾从东晋医药家葛洪《肘后备急方》中汲取灵感，在经历失败190次后终于发现了抗疟药青蒿素。因此，化学史的研究从关怀人与社会的视角，结合实际，深入挖掘中国古代化学史的丰富资源，改善人类的生存和发展条件，或成为新一代学人研究古代化学史的新方向。

典籍与中国古代化学

人类在跟物质生活打交道的生存和发展过程中，需要解决衣、食、住、行、医等实际问题。因此，人们在实践活动中制作工具、生产产品，创造和积累了不少化学知识与技艺。这些经验知识的传承为人类的生存和发展提供了重要保障。如今，记载了这些化学知识和技艺的文献成为我们了解古代化学发展历程和规律的重要依据之一。孔子在《论语 · 八佾》中说："夏礼，吾能言之，杞不足征也；殷礼，吾能言之，宋不足征也。文献不足故也。"孔子所讲的"文献"是指文字资料和贤达能人。可见，文献对于弄清楚古代化学的情况确实是相当重要。在这个非常重视文献资料的国度里，通过那些被奉为圭臬的典籍，了解古代化学的丰富经验和智慧，成为我们分享、继承和发展优秀传统文化成果的莫大荣幸。这也是我们文化自信、文化自强的一种担当。

技术史中的化学

在中国古代的技术史典籍中，不仅记载了丰富的手工技艺，同时又广泛涉及数学、物理、生物学等科学领域的知识和经验总结。其中，不乏古代化学的知识与智慧。以下仅选取《考工记》《北山酒经》《糖霜谱》《髹饰录》《天工开物》等几种技术史著作，就其中的化学内容作概要式的叙述。

1. 先秦《考工记》

《考工记》是中国第一部手工技艺专著，书的作者和成书时间，

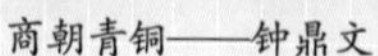

商朝青铜——钟鼎文

司母戊大方鼎

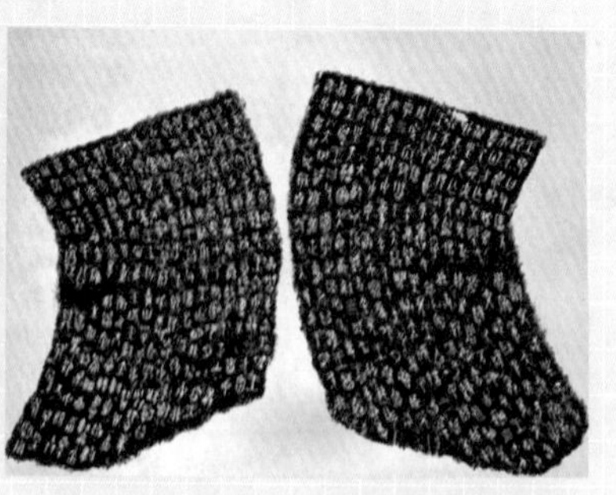

金文毛公鼎铭

长期以来学术界有不同看法。目前，多数学者认为这部书是战国时期齐国编写的官书。《周礼》原书名为《周官》，由“天官”“地官”“春官”“夏官”“秋官”“冬官”6篇组成。西汉时，“冬官”篇亡佚，河间献王刘德将《考工记》补配缺失了的“冬官”篇，所以《考工记》也称为《冬官考工记》。西汉末年，著名学者刘歆将《周官》改名《周礼》。从此，《考工记》作为《周礼》的组成部分得以传世。

《考工记》记载了春秋战国时期的木工、金工、皮革工、染色工、玉工、陶工六大类30个工种，即攻木之工7种，攻金之工6种，攻皮之工5种，设色之工5种，刮摩之工（玉石之工）5种，抟埴之工（陶工）2种。其中6个工种已失传，后来又多出1种，实际上还存有25个工种。全书近7 000字，分上、下两卷共8个部分。其中，上卷分为总论、攻木之工、攻金之工、攻皮之工、设色之工；下卷分为刮摩之工、抟埴之工、攻木之工，涉及数学、力学、声学、化学、冶金学、建筑学等方面的知识和经验总结。

我们通常将夏商周时期称为青铜时代。虽然中国进入青铜时代要比西亚的两河文明要晚，但青铜的冶铸技术发展速度快，技艺高超，后来居上。这一历史时期不仅青铜器的数量多、产品大且精、分布区域广，而且产品的种类众多。就商朝出土的青铜器来看，不仅有礼器、冥器和生活用具，还有兵器、农具和其他生产用具等，甚至在青铜器上还刻有钟鼎文。享誉中外的司母戊大方鼎、四羊方尊等出土文物就是青铜时代鼎盛的历史见证。西周晚期的毛公鼎，腹内铭 497 个字。在《考工记》中，总结了冶铸青铜的管理办法和先进技术经验。其中“金有六齐”的记载，当是世界上最早、最有历史价值的铜锡铅合金配比的科技文献。

“六齐”是配制青铜合金成分的 6 种配方，首次记录了冶铸青铜的合金性能、成分和用途的关系，总结了青铜合金的性能会随着合金配方比例的不同而引起变化的规律，从而制造出不同用途的青铜器具。此外，《考工记·栗氏》还说：“凡铸金之状，金与锡，黑浊之气竭，黄白次之；黄白之气竭，青白次之；青白之气竭，青气次之，然后可铸也。”这总结了炼铜在加热过程中观察烟气和火焰颜色随着温度变化的规律，先是冒黑浊之气，然后是黄白之气、青白之气，待到炉火变成纯青之色时，铸造的火候正好，也就可以开始浇铸了。这个冶炼规律也是青铜铸造取得卓越成就的重要法宝之一。

此外，《考工记》记载了染色工艺中灰水脱胶、日光脱胶漂白的处理技术。这种工艺的记载不仅可以从《尚书》《毛诗》《论语》等典籍中得到印证，而且战国时期楚国出土的绢制品也是重要的物证。湖北江陵马山 1 号楚墓和荆门包山 2 号楚墓等出土了大量的绢。这些绢大多数经过脱胶处理。这说明纺织行业的这种脱胶技术在战国时已比较普遍。

2. 北宋《北山酒经》

北宋朱肱著《北山酒经》，比较全面深入地总结了隋唐北宋时江南地区的酿酒工艺。全书共分上、中、下三篇，详细论述制曲酿酒中的原料、配料、酒曲以及酿造的流程，总结和提出了酿造的一些理论和原理。研究中国科学技术史的英国专家李约瑟博士曾说：“每当人们在中国文献中查考任何一种具体的科技史料时，往往会发现它的主要焦点在宋朝。不管在应用科学或在纯粹科学方面都是如此。”不论是酿酒理论，制曲方法和酿酒工艺，也都如此。以下就《北山酒经》中记载的酒曲和酿酒工艺作简要介绍。

工序种类。《北山酒经》下篇系统地讲述了酿酒的全过程，详细讲解了每道工序的操作要领。朱肱将酿酒的过程分为卧浆、煎浆、

知识链接

北宋《北山酒经》

酒曲种类。《北山酒经》中篇记载了13种酒曲的制作方法。这13种酒曲用的原料一般都是生料。但是瑶泉曲、莲子曲却是用熟料和生料分别以60%、40%的比率掺和制作而成。13种酒曲的原料中，有5种用小麦，3种用大米，4种米麦混用，1种豆麦混用。13种酒曲除了这些主要的原料之外，又或多或少地掺了一些草药。有的掺一两味草药，如真一曲、杏仁曲；有的七八味，有的甚至掺了16味草药。用加入草药的酒曲酿造出来的酒，确实可以有保健养生的功能。《北山酒经》记载的13种酒曲，按照制作方法的差异可以分为罨曲、曝曲、风曲三类。其中，罨曲是指在曲室中用麦茎、草叶等遮盖曲饼发霉而成。罨就是遮掩的意思，顿递祠祭曲、香泉曲、香桂曲、杏仁曲等属于罨曲。风曲是用植物的叶子将曲饼包裹起来，放进纸袋里，挂在透风不见光照处阴干，瑶泉曲、金波曲、滑台曲、豆花曲等属于风曲。曝曲，是先罨再风，而且罨的时间短，风干的时间长。这种曲包括玉友曲、白醪曲、小酒曲、真一曲、莲子曲等。《北山酒经》还从曲坯的结实度、曲料的水分、曲饼的温度、曲块内外的颜色等方面提出了判定酒曲质量的标准。这些标准对制曲理论的发展和完善有着重要价值，因此也一直沿用至今。

汤米、蒸醋糜、酴米、蒸甜糜、投醹、上槽、煮酒9道主要的工序。在这些工序中还有其他的辅助操作，如淘米、用曲、合酵、酒器、收酒、火迫酒等。卧浆是指在夏季的三伏天，把小麦熬成粥，令其自然发酵成酸浆。煎浆是依季节的不同而调节酸浆浓度，从而使发酵更充分有效。汤米是指用温热的酸浆浸泡、淘洗过的大米。淘米是选择和淘洗酿酒用的原料大米。蒸醋糜是将用酸浆浸泡过的汤米滤干，放进饭甑中蒸熟。蒸甜糜是将选作酿酒原料的大米直接淘洗滤干，放入饭甑中蒸熟。酴米是将前面蒸熟的米饭摊凉，再拌入曲酵，然后放进酒缸中令其发酵。投醹是在酿酒的发酵过程中，观察曲酵颜色、温度、原酒等变化情况，将甜糜分批加入发醪液中，直到完成发酵工序。上槽、收酒是从发醪液中榨出酒液，并澄清酒液的操作工序。煮酒、火迫酒是将酒液加热杀菌为了防止酒液变酸。这项技术比法国科学家巴斯德（1822—1895）发明的低温杀菌法还要早700年。《北山酒经》不仅全面深入地讲解了酿酒的每道工序，强调关键步骤和技术的操作要领，而且还对酿酒过程中原料变化的机制进行了探究。

3. 南宋《糖霜谱》

南宋初年，知名学者、科学家王灼（1081—约1160）编撰《糖霜谱》1卷7篇，分述源流、故事、种植方法、制糖器具、糖霜制法、制作结果以及成品性质和储藏方法。这是现在最早关于种植甘蔗和制糖的专著。书中比较全面地记述了南宋之前的蔗糖发展史，尤其是详细梳理了糖霜的源流、制作工艺、糖霜性质和储藏方法。

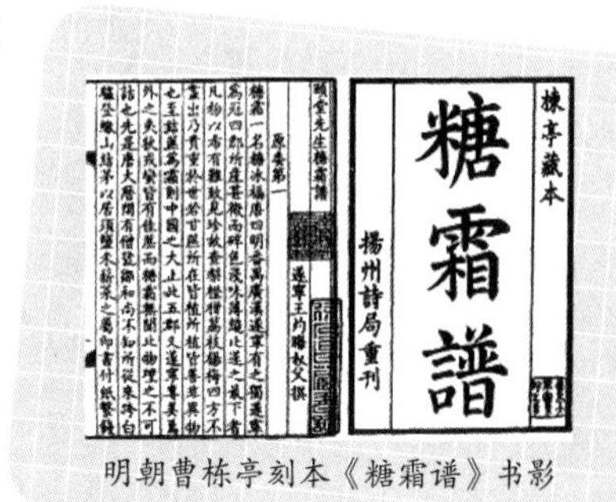

明朝曹楝亭刻本《糖霜谱》书影

《糖霜谱》记载了邹和尚在唐朝大历年间（766—779）来到四川涪江流域的遂宁郡小溪县（今遂宁县）的伞山传授“糖霜窨制法”。在此之前这里没有制作糖霜的文字记载。到了宋朝时，伞山一带已有 4% 的土地和 30% 的农户大量种植甘蔗，普遍制作糖霜。北宋的两位大文豪苏东坡和黄庭坚在诗句里都提到过四川的糖霜。可见，糖霜已成为当时涪江地区的名特产品了。北宋初年，甘蔗已有杜蔗、西蔗、艻蔗、红蔗 4 个品种，但适合制作糖霜的只有西蔗和杜蔗两种。《糖霜谱》还说道：杜蔗紫嫩，专用作霜，上等冰糖为紫色。可见，当时说的糖霜，指的是紫色的冰糖，而非白糖。关于糖霜的制作工艺，当代著名的糖史专家李治寰详细作了解读：将上好的糖水，蒸煮至七分熟，再放入糖瓮中冷却沉淀三日，将澄清的糖水放进锅里，煎煮至九分熟，令其熟稠成糖浆，将竹编插入糖瓮中，便开始注入糖浆，完后用簸箕盖在糖瓮上面。

糖霜的性质是易溶化，只适合放在干燥处保存，但它不怕风吹。因此，在储藏的糖瓮底下，要铺上干燥的麦子，麦子上放竹篼，再密密地垫上一层干燥的笋皮，装完糖霜后，还得用棉絮裹在竹篼上面，再用簸箕盖住；如果是要长途运送糖霜，那还得在瓶底下放一些较小的石灰块，再用纸隔着盛放糖霜，并加厚封盖瓶口。这个过程中用到干燥的麦子、干燥的笋皮、棉絮裹、石灰块、纸等，可以说是充当了糖霜储藏时用的干燥剂，均有吸收水分以免糖霜受潮的作用。

4. 明朝《髹饰录》

明朝隆庆（1567—1572）间，著名漆工黄大成撰写《髹饰录》，天启五年（1625）嘉兴有名的漆工杨明为此书逐条加注作序，使得《髹饰录》得以传世，成为中国现存唯一的古代漆工专著。明朝万历年间，著名戏曲作家、养生学家高濂在《遵生八笺 · 燕闲清赏笺》

中称颂黄大成精于漆工，具有超群的技艺，文中说道："（明朝）穆宗（隆庆）时，新安黄平沙造剔红，可比'果'园厂，花果人物之妙，刀法圆活清朗。"明穆宗也就是明朝的第 12 个皇帝朱载垕（1537—1572），年号隆庆。高濂约生于明朝嘉靖初年，活跃于万历（1573—1620）前后。高濂作为与黄大成同一时代的知名人物，他的记载应具有很高的可信度。黄大成的《髹饰录》分《乾》《坤》两集，全书共 18 章 186 条，内容广泛涉及髹饰的源流、原料、工具、技艺、品种和漆工禁忌、过失等。

针对生漆原料的加工，《髹饰录》在"乾集"的《利用门 · 泉涌 · 海大 · 潮期》讲到过滤、煎曝等调制漆液的工序。过滤好的生漆液在煎曝之前，还有炼熟这么一道重要的工序。生漆的主要成分是漆酚，在空气中很容易氧化。这个炼熟工序的目的就是要将滤好的生漆液在掺水搅拌时，经漆酶的催化作用，令生漆液氧化成漆酚醌，这时乳白色的漆液表面逐渐变成红棕色。为了提高调漆的效率，将加工温度控制在 40°C 左右，一边加热一边搅拌，使得漆液中的水分不断蒸发，而且漆液中的漆酚醌和漆酚发生反应，进一步氧化聚合生成漆酚二聚体，这时漆料由浑浊不清开始变得清亮透明，由红棕色慢慢变得颜色更深。其实，生漆原料的加工过程，就是漆液脱水和氧化的过程。

不论是生漆还是熟漆，在髹饰漆器时，大多都会添加其他的动植矿物用料，以改进和完善所需要的颜色、光泽、性能和其他视觉方面的艺术感。在调制漆料时，不仅漆料本身与空气接触发生氧化，漆料的内部成分也会相互作用，甚至漆料与新加的用料也会发生化学作用。比如，在生漆中加入铁粉进行搅拌，生成漆酚铁化合物（UFe），液漆黑变。这种漆酚金属聚合物涂料成膜性好，而且漆膜的黑度比较纯，坚韧耐磨，有很强的遮盖力和耐热性，化学性能也比较稳定。在漆料中新加入其他的用料，可以改变漆液原料的颜色、性能、功用等，从而达到漆工期望的效果。

5. 明朝《天工开物》

明末清初，著名科学家宋应星（1587—1661）撰写《天工开物》，

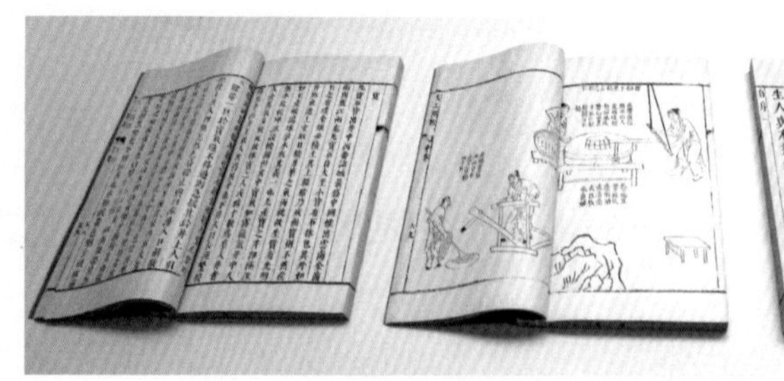

《天工开物》书影

这部书被著名科技史家李约瑟博士誉为“中国17世纪的工艺百科全书”。书名来源于《尚书·皋陶谟》“天工人其代之”和《易经·系辞》“开物成务”。全书按“贵五谷而贱金玉之义”分为18卷。其中，涉及化学现象和性质的内容有《彰施》(染色)、《作咸》(制盐)、《甘嗜》(食糖)、《陶埏》(陶瓷)、《冶铸》《舟车》、《锤煅》《燔石》(煤石烧制)、《杀青》(造纸)、《五金》《丹青》(矿物颜料)、《曲蘖》(酒曲)等卷，记载的内容非常丰富。这里主要就灌钢法、炼水银与炼锌、制糖工艺作简要介绍。

灌钢法的发展和完善。灌钢法始于南朝，当时著名的医药学家和炼丹家陶弘景在《本草经集注》中说道：“钢铁是杂炼生鍒作刀镰者。”这则生铁和熟铁合炼成钢的文字记录，讲的就是灌钢法。但是，“灌钢法”这个专有名称却最早见于北宋科学家沈括撰写的《梦溪笔谈》。明朝宋应星《天工开物》记载的灌钢法比之前又有了很大的进步。具体的铸造过程：先把熟铁打成指头大小的薄片，并用铁片将这些薄片紧捆成一束，将生铁放在那些熟铁薄片上面，再用带泥的破草鞋鞋底盖在最上面，以保温防止漏风；然后，鼓风冶炼待生铁熔化渗入熟铁后，将铁片取出锤煅，随后又放回炉内冶炼，再取出锤煅，

《天工开物》升炼水银图、研朱(砂)图

这样多次反复锤炼，使得生铁熔液以及其中的炭，能够更均匀、更充分、更快速地渗入熟铁。这种发展了的灌钢法，《天工开物》也称“生铁淋口”，即生铁熔化后的铁水和炭都渗入熟铁中。这不仅广泛应用于兵器铸造，而且民间的农具和家用铁制器具都是比较常用。20世纪80年代，这种铸造方法在南方的边远地区的打铁行业中仍然非常普遍。

《天工开物》第十六卷《丹青》也说道以蒸馏方法提取水银的操作方法。其记载生动形象、通俗易懂。“(朱砂)每三十斤入一釜内升汞，其下炭质亦用三十斤。凡升汞，上盖一釜，釜当留一小孔。釜傍盐泥紧固。釜上用铁打成一曲弓溜管，其管用麻绳密缠通稍(梢)，仍用盐泥涂固。煅火之时，曲溜一头插入釜中通气(插处一丝固密)，一头以中罐注水两瓶，插曲溜尾于内，釜中之气达于罐中之水而止”。

从这则文字记载和当时留下的示意图来看，当时人们大规模采用蒸馏升炼水银的操作方法。一次性可蒸馏15千克朱砂，依70%的产率，能达10千克。这规模、产率确实均相当可观。

《天工开物·五金》是目前最早记载传统炼锌工艺的，其炼制方法也是采用灰吹法。明朝称金属锌为“倭铅”，最晚在明朝的成化年间，官府就已经掌握了炼锌技术。明朝的万历年间，铸造的货币已用上了锌铜合金，也就是倭铅和铜合炼而成的黄铜。明朝的“万历通宝”用的就是这种锌铜合炼得到的黄铜材质。《天工开物》的“溶礁结银与铅图”是将银铅共生的矿石倒入熔炉共炼，同时放入大量的木炭。当木炭燃烧化为灰烬时，即形成结在一起的礁矿石。然后，将礁矿石倒入装有铅熔液的熔炉中，继续加热。待炉内均为熔液时，通入空气，使液态铅氧化后，沉积为铅团。随后，在铅银共熔的熔炉中实现沉铅结银形成铅银

二鉛與銀結礁鎔 一鉛與銀結礁鎔

《天工开物》溶礁结银与铅图

二銀結鉛沉 一銀結鉛沉

《天工开物》沉铅结银图

的初步分离。为提高银子的纯度，还可将初步分离出来的银液高温加热。这种加工和提取的冶炼方法，由来已久。日本吉田光邦在探讨《天工开物》的炼制和铸造技术中，引用日本京都大学近重真澄《东洋炼金术》中的研究成果，即近重从近代化学视角解释《抱朴子》中的灰吹法等技术。同时，吉田还引用明朝的《菽园杂记》《龙泉县志》等文献探讨灰吹法在炼制方面的来源、操作过程及作用。

明朝末年，以黄泥浆使黑糖脱色制作白糖和冰糖，已非常普遍。在此之前仍用盖泥法，使黄泥与糖浆在锅里接触，将黄泥均匀地压在糖浆上，经过较长时间的作业后便可完成脱色。明末清初方以智《物理小识》和清初刘献廷《广阳杂记》都记载了盖泥脱色法。《天

知识链接

《天工开物》制糖的黄泥浆脱色法

蔗过浆流，再拾其滓，向轴上鸭嘴扱入，再轧，又三轧之，其汁尽矣，其滓为薪。其下板承轴，凿眼，只深一寸五分，使轴脚不穿透，以便板上受汁也。其轴脚嵌安铁锭于中，以便折转。凡汁浆流板有槽枧，汁入于缸内。每汁一石，下石灰五合于中。凡取汁煎糖，并列三锅如"品"字，先将稠汁聚入一锅，然后逐加稀汁两锅之内。若火力少束薪，其糖即成顽糖，起沫不中用。

《天工开物》甘蔗制糖图

凡闽、广南方，经冬老蔗，用车同前法。榨汁入缸，看水花为火色。其花煎至细嫩，如煮羹沸，以手捻试，黏手则信来矣。此时尚黄黑色，将桶盛贮，凝成黑沙。然后以瓦溜置缸上。其溜上宽下尖，底有一小孔，将草塞住，倾桶中黑沙于内。待黑沙结定，然后去孔中塞草，用黄泥水淋下。其中黑滓入缸内，溜内尽成白霜。最上一层厚五寸许，洁白异常，名曰洋糖；下者稍黄褐。

为了对黄泥水脱色加以形象的描绘，宋应星还在《天工开物》中附有"澄结糖霜瓦器"图。在采用黄泥水脱色前，宋应星提到先用石灰对榨好的蔗汁进行预先处理，改善砂糖质量，然后再煎熬、脱色、结晶。蔗汁中除了蔗糖和水分之外，还有许多含量较少，但对制糖极为不利的成分。其中，蔗汁的有机酸能使蔗糖水解生成还原性单糖。将煎熬蔗汁冷却时，还原糖不仅无法结晶，而且还会生成糖蜜(古代称糖油)，妨碍蔗糖结晶。用石灰可令蔗汁中的有机非糖分、无机盐和其他的悬浮物沉积下来。这不仅改善了蔗糖的味道，而且使得糖的黏度减弱，糖色也变得更晶莹剔透。20世纪20年代，广东、四川、江西、福建等地制糖作坊的压榨、煎熬、脱色等加工工序与明末清初并没有多大差别。这说明《天工开物》记载的制糖技术确实是非常成熟，影响也非常深远。

工开物 · 甘嗜》记载了糖匠改进盖泥法，在制糖工序中采用黄泥浆脱色的具体操作工艺，大大提高了脱色的效率，改善了脱色的效果。书中详细记载了蔗汁的榨汁、煎熬、脱色、结晶制作工序。

医药典籍中的化学

古代医药学著作是研究中国古代化学的重要资料。无机药物在医药化学中又有着极其重要的地位。虽然中国古代众多医药典籍很少记载无机药物的资料，但通过这些仅有的文献仍可了解到古人是如何掌握部分化学知识的。关于无机药物,《五十二病方》有 21 种,《神农本草经》有 46 种,《本草图经》也收录了部分金属及其化合物药物,《本草纲目》有 266 种。

1. 西汉《五十二病方》

1973 年底，湖南长沙马王堆汉墓出土了 11 种帛书，如《足臂十一脉灸经》《阴阳十一脉灸经》(甲本)、《脉法》《阴阳脉死候》《五十二病方》5 种合为一卷帛书,《却谷食气》《阴阳十一脉灸经》(乙本)、《导引图》3 种合为一卷,《养生方》《杂疗方》《胎产书》3 种各为一卷帛书。其中《五十二病方》是我国现已发现最古老的医方专著,大约成书于公元前 3 世纪末。全书现存 459 行,每整行约 32 字,书中分 52 题，每题是医治一类疾病的方法，少的有一两种医方，多的有二十几种医方,现存医方总数是 283 方,原书总医方约有 300 方。全书总共收录了 247 种药名，其中收录矿物药 21 种，草类药 51 种，谷类药 15 种，木类药 29 种，果类药 5 种，待考植物药 5 种，人部药 9 种,禽类药 6 种,兽类药 23 种,鱼类药 3 种,虫类药 16 种,器物、物品类药 30 种，泛称类药 10 种，待考药名 14 种。从《五十二病方》记载疾病的类别、医方的数量、药物的种类，可见当时的医家对各种无机物的化学性质有了比较深入的认识，并能为当时人们的生活服务。

《五十二病方》记载疥癣类皮肤病“加 (痂)”时，在第一种医

知识链接

《神农本草经》

卷上丹砂条中讲道“能化为汞”，说明当时人已懂得丹砂加热能分解出汞。

卷上水银条中讲道“主疥瘘痂疡白秃，杀皮肤中虱，堕胎，除热，杀金、银、铜、锡毒，熔化还复为丹”。这条内容讲道两层意思，一是用水银治疗皮肤病，这是继《五十二病方》之后最早的文献记录；二是将水银（汞）能溶解多种金属，合成汞齐。

卷上空青条中讲道“能化铜、铁、铅、锡”。空青也叫青油羽、青神羽，是碱式碳酸铜（$2CuCO_3 \cdot Cu(OH)_2$），除含氧化铜、二氧化碳、水分之外，还含有铁、铅、锌、钙、锡等金属元素。通过高温加热后，铁、锡等活性强的金属将空青中的铜置换出来，并与铜合成合金。

卷上曾青条中讲道“能化金铜”。曾青又称朴青、层青，是层状的空青，属碱式碳酸铜。用木炭与曾青共同加热后，可从中提取金属铜。《淮南万毕术》：“曾青得铁，则化为铜，外化而内不变。”活性强的铁金属可将碳酸铜里的铜元素置换出来，这跟空青的化学性质类似。

卷上石胆条中讲道“能化铁为铜，成金银”。石胆又称胆矾，是一种带结晶水的硫酸铜（$CuSO_4 \cdot 5H_2O$）。将活性强的铁金属可将硫酸铜溶液，铜元素被铁置换出来，并附着在铁片表面而成黄色。

卷上朴硝条中讲道“能化七十二石”。朴消也称朴硝，其实它的主要成分和芒硝相同，主要是含有结晶水的硫酸钠（Na_2SO_4）。

卷上硝石条中讲道“炼之如膏”。硝石也称芒硝，通常说的是指结晶的硝酸钾。将指结晶的硝酸钾加热便熔化为膏状。《抱朴子·内篇》说道：“（硝石）能消柔五金，化七十二石为水。”可见它与朴硝的化学性质相同。

卷中石硫磺条中讲道“能化金、银、铜、铁、奇物”。石硫磺是一种天然的结晶的硫磺。硫的本身就是一种活性非常强的非金属元素，当它与金、银、铜、铁等金属元素共热时就会化合生成硫化物。

卷中铁精条中讲道“化铜”。铁精在日本著名医学史学者重辑的《神农本草经》中，都是附在“铁落”条之后，跟空青、白青、扁青、石胆、理石、长石、肤石等矿物药一样都具有明目的药效。铁精有可能是一种跟这些盐类矿物相近的晶体。

卷下铅丹条中讲道“炼化还成九光”。铅丹也称为黄丹，是将铅煅烧炼制后得到铅的氧化物，即红色的四氧化三铅（Pb_3O_4）。铅是炼丹的主要成分。铅的熔点 327℃左右，沸点 1740℃，在炼丹过程中随着煅烧温度的变化，呈现颜色各异成分有别的铅的氧化物。铅经文火焙烧，开始生成黄红色的氧化铅（PbO，也称密陀僧）。继续加热升温则将生成橘红色铅丹四氧化三铅（Pb_3O_4）。当加热的温度超过 500℃，四氧化三铅（Pb_3O_4）又分解成氧化铅（PbO）和氧气（O_2）。随加热温度的变化，铅在氧化还会产生灰色的氧化亚铅（Pb_2O）、橘黄色的三氧化二铅（Pb_2O_3）等铅的氧化物。“九光”说明铅丹炼化中产生的颜色有很多种，并非是个确切的数字。

《神农本草经》关于丹砂、水银、空青、曾青、石胆、朴硝、硝石、石硫磺、铁精、铅丹等无机物化学性质的描述，都是在实践经验基础上的具体总结。这反映了当时人们在实践操作中对药物化学有了比较深入的认识，积累了丰富的科学知识。

方中提到“冶雄黄，以彘膏脩（滫），少殽以醯，令其寒温适，以傅之”。时至今日，仍将雄黄与硫磺相配，用来治疗疥癣湿疹。同时，在第七、第二十二种医方中讲到用水银治疗痂类皮肤病。在“白处方”皮肤病中也提到用丹砂这味药物。临床证实用水银治疗皮肤疾病是有成效的。由丹砂至水银，表明当时人已认识到两者的转化，很可能已懂得将丹砂加热，从而分解出水银（汞）和二氧化硫：

$$HgS+O_2 \rightarrow Hg+SO_2 \uparrow$$

2.《神农本草经》

《神农本草经》是我国最早的药物学专著，收录的药品达 360 多种，依药的性能分为上、中、下三品，其中上药 120 种，中药 120 种，下药 125 种。它总结了汉朝及其之前运用动物、植物、矿物治疗疾病积累的经验。《神农本草经》记载的金属元素有水银 Hg（别名汞、澒、姹女），非金属元素有石硫磺 S（别名黄硇砂）、氧化物有磁石 Fe_3O_4（别名玄石、处石）、代赭石 Fe_2O_3（别名须丸、血师）、禹余粮 $Fe_2O_3 \cdot 3H_2O$（别名太一余粮）、铅丹 Pb_3O_4（黄丹、丹粉）、白石英（和紫石英）SiO_2、石灰（石垩，垩灰）等。此外，《神农本草经》还对部分无机物的化学性质有了比较深入的科学认识。

3. 北宋《本草图经》

北宋嘉祐年间，苏颂（1020—1101）仿《新修本草》以图文并茂的形式，花费 4 年时间撰写了《本草图经》。苏颂曾参与校订、编著、整理十余种药书。这部本草著作是他参与编纂北宋官修医药典籍《嘉祐本草》的姊妹篇。原书 20 卷，目录 1 卷，但原著已经亡佚，现在只有辑本。原著的药图大多保存在《重修政和经史证类本草》里。据著名的本草专家尚志钧统计，《重修政和经史证类备用本草》所引《本草图经》的药物条目总计 780 条，其中有 635 条附有药物图谱。各种药物附图的数目不等，多的有 10 幅，少的只有 1 幅，总计达 933 幅。以下就书中讲的金属铁及铁的化合物作简要介绍。

《本草图经》讲到灌钢法：“以生柔相杂和，用以作刀剑锋刃者，为钢铁。”灌钢技术始于南朝陶弘景的记载。苏颂的好朋友北宋著名科学家沈括（1031—1095）在《梦溪笔谈》中详细记录了灌钢法，但是这比苏颂大概要晚 30 年。生铁熔点比较低，先熔化的生铁熔液灌入烧红变软的熟铁中，结果熟铁里碳量增大，生铁和熟铁合二为一成为钢。灌钢法的详细情况在接下来的《梦溪笔谈》介绍中还会进一步深入。

苏颂还区别了生铁、熟铁、铁精、铁落等铁及铁的化合物。《本草图经》说道：“初炼去矿，用以铸泻器物者为生铁。再三销拍，可以作鍱者为鑐铁，亦谓之熟铁。”又记载到“锻灶中飞出如尘，紫色而轻虚，可以莹磨铜器者，为铁精。”“铁落者，锻家烧铁赤沸，砧上打落细皮屑，俗呼为铁花是也。”铁精是三氧化二铁（Fe_2O_3），可以给金属、宝石、玻璃等抛光。铁落是四氧化三铁（Fe_3O_4），可以作为助熔剂。此外，《本草图经》还记录了鉴别铁盐——绿矾，制作铁华粉等操作方法。从灌钢技术、金属铁及铁的化合物的记载可以看出，苏颂的这些认识确实非常深入和科学。

除上面这些介绍的内容，苏颂《本草图经》关于化学方面的成果还有无机物银、汞、铅、硝、矾、不灰木、硇砂等，以及制作染色、香料、药酒、胶、糖、纸、漆、盐、油、酱、醋等的有机物。苏颂不仅细致考察了相关物质的化学性质和化学现象，而且还作了科学分析和系统总结。

4. 明朝《本草纲目》

1587 年，中国著名的医药家李时珍（1518—1593）耗费 27 年时间，终于撰成了《本草纲目》。这部药物学巨典不仅引用参考了 800 多种文献，而且还积聚了李时珍历经艰辛实地考察的智慧结晶。李时珍在书中进一步细化对无机化学知识的分类。将药物中的无机药分为水部、土部和金石部中的金、玉、石、卤 6 类。其中，水部有 43 种水溶液；土部有 61 种，包括各种土

《本草纲目》书影

壤和烧过的泥土；金类有 28 种，包括金属、合金、化合物和金属制品；玉类有 14 种比较纯的硅化物；石类有 72 种硅酸盐类岩石和不溶于水的盐类；卤类有 20 种溶于水的盐类。

关于纯金属与合金的区分。《本草纲目》卷八金石部，李时珍引用文献时作了注解："金有山金，沙金两种。其色七青、八黄、九紫、十赤，以赤为足色。和银者性柔，试石则色青；和铜者性硬，试石则有声。"金分为山金和沙金两种，这是在生产活动中总结的经验分类法。合金的颜色，七成金呈青色，八成金呈黄色，九成金呈紫色，十成金呈赤色，赤色为足金。明朝时期，人们已普遍使用一种黑色石，即黑色硅质岩，作试金石鉴定金的成色。将要试的金类放在试金石上擦拭，有经验的人观察擦痕颜色兼听刮试的声音，便可判定合金的成色。这种试金的方法一直沿用至今。

说到铜金属和铜合金的分类，《本草纲目》卷八说道："铜有赤铜、白铜、青铜。赤铜出川、广、贵诸处山中，土人穴山采矿炼取之。白铜出云南，青铜出南番，唯赤铜为用最多，且可入药。人以炉甘石炼为黄铜，其色如金，砒石炼为白铜，杂锡炼为响铜。"这里的赤铜也就是纯铜，通常可用炉甘石提炼得到颜色如金的黄铜。白铜指镍铜合金，也称镍白铜，一般从含有镍的砒石中提炼得到。青铜指锡与铜合炼而成的合金。李时珍关于铜金属和铜合金的记载与现在对铜的科学认识是相吻合的。

关于金银均有真、假金银和外国金银的区别。《本草纲目》卷八讲到金有 20 种，其中真金 5 种，假金 15 种，外国金 5 种。银有 17 种，其中真银 4 种，假银 13 种，外国银 4 种。李时珍在著作中指出，假的金银都是用相关药物制成或点化而得。

《本草纲目》还讲到一些药材与银合用会发生特殊反应。书中卷八记载银时说道："荷叶、蕈灰能粉银。羚羊角、乌贼鱼骨、鼠尾、龟壳、生姜、地黄、慈石，俱能瘦银。羊脂、紫苏子，皆能柔银。"李时珍不仅仅记载粉银、瘦银、柔银的药物反应，而且还讲到银器可辨识毒物。书中说道："银本无毒，其毒则诸物之毒也。今人用银器饮食，遇毒则变黑。中毒死者，亦以银物探试之，则银之无毒可征矣。”当银器遇到含硫的物质，会迅速变黑。古人所讲的毒药，主要是指剧毒砒霜。因当时的生产技术比较落后，砒霜中含有杂质硫和硫化物。因此，银器接触杂质，就会发生反应，产生黑色的硫化银。但是，当银器接触其他不含硫和硫化物的毒药时，并不会发生氧化反应，例如氰化物、纯砒霜、有机磷酸酯等有毒药物。

农学著作中的化学

从经济发展方式看中国上下五千年的历史，真可谓是一部辉煌灿烂的农业发展史。那些记载农业知识的典籍，不仅汇集了古代人们农业生产生活的智慧，而且也蕴藏了丰富的化学知识。从中国最早的土壤学著作《禹贡》和最早的农业历书《夏小正》到明末的农业百科全书《农政全书》，这些农学著作承载了中国文明发展的历史记忆。同时，这笔丰厚的农学遗产总结了祖辈们的生产经验和科学认识，令我们子孙后代感到自豪，也非常值得继承和发扬。

1. 东汉《四民月令》

东汉后期，著名的农学家、政论家崔寔（约 103—约 170）编撰了这部农学著作。崔寔将前人的经验和他在五原（今内蒙古河套北部和达尔罕茂明安联合旗西部地区）任太守时开展农业开发总结的实践知识，依月令农事，编写了一本农业生产经营的备忘录。全书现存版本仅 2 371 字，目前通行的版本有两种，即石声汉《四民月令校注》、缪启瑜《四民月令辑释》。这两种版本主要参考了北周末年杜台卿《玉烛宝典》收录的《四民月令》材料。书中主要记载农业生产的操作和养蚕、纺织、染布、食品加工与酿造、制药等。

中国的酿酒和制酱历史非常久远。古代社会，食不果腹是普通大众的生活常态。在食物充足时，往往因储藏和保存不当，使得部分食物变酸或发霉。人们在长期的生活中总结经验，较早地就掌握了这种霉变技术。《尚书 · 商书》讲道：“若作酒醴，尔惟曲蘖。”这说明在商朝时，人们已认识和掌握了酿酒技术。1974 年、1985 年，考古专家先后两次在河北藁城台西村商朝遗址中，发现和挖掘商朝中期的酿酒作坊。这个作坊遗址不仅出土了大量酿酒的陶罐、瓮、壶等，而且还有酒曲实物和酿酒的原料。司马迁《史记·殷本纪》说商纣王："以酒为池，悬肉为林。"可见，这确实是有所据的。酿酒和制酱都是利用微生物发酵的化学原理而制成。但是，早期专门文献的记载尤为难得。《四民月令》对12个月里有效掌握时令酿造和制作，记载比较详细。下面摘录其中的有关资料。

正月，命女工趣织布，典馈酿春酒。……可作诸酱，肉酱、清酱。

二月，榆荚成，及青收，干以为旨蓄。色变白将落，可作酱榆，随节早晚，勿失其适。

四月立夏后，鲖鱼作酱。可作酢。

五月一日，可作醢。亦可作酢。上旬炒豆，中旬煮之，以碎豆作末都，至六七月之交，分以藏瓜。可作鱼酱。

六月，可作麹。（注）其麹杀多少，与春酒麹同，但不中为春酒，喜动。以春酒麹作颐，酒弥佳也。

七月四日，命治麹室，具簿持槌，取净艾。六日，馔治五谷磨具。七日，遂作麹及磨。

八月暑退，……清风戒寒，趣织缣帛，染彩色。

十月，上辛命典馈清麹，酿冬酒。

十一月，可酿醢。

两汉时期，酒的酿造技术已趋于成熟。只要酒曲能充分发酵，一年四季皆可酿出质量较好的酒。因春冬两季的气温较低，因此《四民月令》只是记录正月和十月酿酒，而忽略夏秋的记载。从书中记载六月制作酿酒的曲可以看出，当时人们对酒曲制作、发酵技术已掌握比较成熟。除了酿酒外，崔寔在《四民月令》中还讲到制作醯、酢。唐朝孔颖达注释《左传·照公二十年》中"水、火、醯、醢、盐、梅以烹鱼肉"时说道："醯，酢也；醢，肉酱也。"汉朝之前的酢指的是酸味的调味料，“醢”应该说的是肉酱。

古时候，人们往往为了安全度过饥饿、青黄不接和灾荒季节，将多种食物制成酱加以储存。制酱的原理与酿酒类似，都是利用了微生物发酵的原理。《四民月令》记载的每个季节月令里制作的酱种类丰富，有肉酱、清酱之分。具体说来，又有酱榆、鲖鱼酱、鱼酱等。不论是肉酱、果酱、素菜酱，都是在相对稳定的较高温度环境下，将酵母菌、醋酸菌等与食物相自然发酵而得。从制作原料的种类和对酱类名称来看，汉朝的制酱技术应用比较广泛，而且操作也比较成熟。此外，《四民月令》还记载了八月染织，《齐民要术》卷三用了百多字来注解这句话，详细描绘染织工艺的具体操作过程。

《四民月令》的记载主要依据西汉时期的《氾胜之书》。氾胜之著的《氾胜之书》是一部非常重要的农学作物栽培著作，也是中国传统综合性农书的重要范本。汉唐期间，这部书已受到注经师们的重视。《周礼 · 地官 · 草人》郑玄注：“土化之法，化之使美，若氾胜之术也。”唐朝贾公彦也非常推崇这部农书，他在《周礼疏》中说道：“汉时农书有数家，氾胜为上。”《汉书 · 艺文志》收录的农书有 9 种 114 卷，其中有 7 种是西汉的新著作，《氾胜之十八篇》便为其一，可惜原书大概在两宋时期已失传，我们已无法得知其中更多的化学工艺知识。因为贾思勰的《齐民要术》大量引用了《氾胜之书》中的材料，如今我们才得以见到《氾胜之书》的佚文。

2. 北魏《齐民要术》

北魏时期，贾思勰（386—543）将自己的所学所获结合实地考察、亲身实践，最终撰成了《齐民要术》。这部农学巨典不仅仅是我国现存最早、最完整、最系统的一部农学专著，而且也是世界科技文明的一块瑰宝。全书共有 10 卷 92 篇，正文约 7 万字，注释达 4 万多字，总计 11 万多字。书中介绍了黄河中下游地区 6 世纪以前农业生产和加工技术，是一部技术色彩

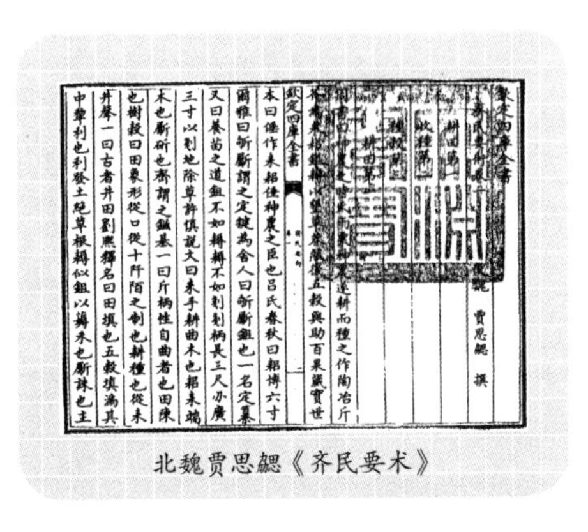
賈思勰 撰
五穀興助百果藏實世
逆耕而種之作陶冶斤
欽定四庫全書
本曰倕作耒耜倕神農之臣也呂氏春秋曰耜博六寸
爾雅曰斪斸謂之定犍為舍人曰斪斸鉏也一名定
又曰養苗之道鉏不如耨耨不如剗剗柄長三尺刃廣
三寸以剗地除草許慎說文曰耒手耕曲木也耜耒端
木也斸斫也齊謂之鎡基一曰斤柄性自曲者也田陳
也樹穀曰田象形從口從十阡陌之制也耕種也從耒
井聲一曰古者井田劉熙釋名曰田塡也五穀塡滿其
中犂利也利發土絕草根耨似鉏以薅禾也斸誅也主

北魏贾思勰《齐民要术》

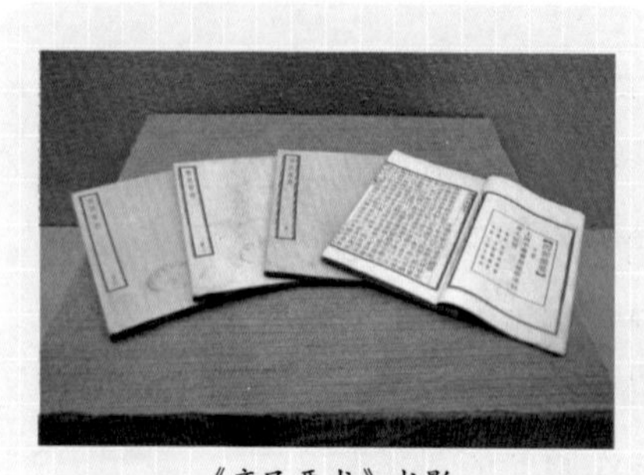
《齐民要术》书影

浓厚的农书。其中，关于酿造、漆艺、制糖等工艺的丰富记载，保存至今，对中国的传统工艺产生了深远的影响。

关于酿造工艺中的曲、酒、醋、酱等起源久远，但全面深入揭示其制作过程，应归功于《齐民要术》。仅仅是酒曲，《齐民要术》就重点介绍了 9 种，其中 8 种用的是小麦，1 种用粟。在 8 种小麦曲中，有 5 种属于神曲类，2 种是笨曲，1 种是白醪曲。书中还介绍了 40 种酿酒法，分别列在酒曲的下面。神曲是酿酒效果最快，笨曲有粗曲的意思，酿造效果最慢，醪曲介于两者之间。神曲和笨曲，都是被制成块状的曲，两者在制作工艺上没有实质的区别。只是笨曲的制作过程比较粗放，没有太多的讲究。神曲一般是制成小型圆饼状的曲饼，笨曲大多制成大块方形的曲饼。关于神曲、笨曲的分类，也是贾思勰那个时代和这之前的分类方法。到了唐朝，神曲已专门指用于治病用的酒曲，而不是酿造饮食酒用的酒曲了。到了北宋《北山酒经》，也就没有神曲、笨曲的区别和提法了。这说明，唐朝以后，酒曲的制作技术又得到了更进一步的发展。贾思勰在书中记载了 41 种酒名，24 种醋（酢、苦酒），4 种豉。他还讲述了黄衣和黄蒸两种酱曲的制作工艺，将酱分为豆酱、麦酱、榆子酱、肉酱、鱼酱、虾酱、生脡 7 类。

贾思勰还专设一章讲关于漆的保存和使用方法。《齐民要术》卷五第四十九说道："凡漆器，不问真伪，过客之后，皆须以水净洗，置床箔上，于日中半日许曝之使干，下晡乃收，则坚牢耐久。若不即洗者，盐醋浸润，气彻则皱，器便坏矣。其朱里者，仰而曝之，朱本和油，性润耐日。故盛夏连雨，土气蒸热，什器之属，虽不经夏用，六七月中，各须一曝使干。世人见漆器暂在日中，恐其炙坏，合着阴润之地，虽欲爱慎，朽败更速矣。凡木画、服玩、箱、枕之属，入五月，尽七月、九月中，每经雨，以布缠指，揩令热彻，胶不动作，光净耐久。若不揩拭者，地气蒸热，遍上生衣，厚润彻胶便皱，动处起发，飒然破矣。"用过的漆器，要及时清洗干净，并放在太阳下晒上半天，等到太阳下山了再收起来，这样的漆器才经久耐用。如果漆器未及时洗干净，盐醋会侵蚀漆器，使漆层起皱变坏。盛夏时节雨季连连，地面水汽蒸发，空气热且潮湿，漆须要“一曝使干”，才能保存完好。漆器在这种潮湿的环境中容易生霉，经太阳晒后，漆器中的水分变少，也就减弱了漆酚的氧化作用，也可以说是用阳光来杀死漆器中的霉菌。书中还提到“朱本和油，性润耐日”。在调制漆液时，加入桐油和朱砂来调配颜色，朱砂漆的亲油性好，性质柔润耐晒。这些都是漆工在长期实践中总结的精辟经验。

关于饴糖工艺，《齐民要术》卷八在“黄衣、黄蒸及糵”第六十八中讲到制作糖化糵的各种方法，例如煮白饧糵、黑饧糵、琥珀饧糵。糵是指麦芽，用为熬制饧糖，即软糖。卷九又专门设有一节“饧餔”，讲述制作各种软糖的方法，例如煮白饧法、黑饧法、琥珀饧法、煮餔法，还记载了用饧加工白茧糖、黄茧糖的制作方法。因为《齐民要术》记载的地域是黄河中下游地区，这一带饴糖制作的原料主要是粳米、小米、大麦、小麦、高粱等。从贾思勰到近代，中国的饴糖工艺都是用麦芽糖制作品种和花样多样的糖类食品，这说明古人非常善于在生产实践中总结先进的经验和智慧。

3. 明朝《农政全书》

明朝后期，著名科学家徐光启（1562—1633）撰写的《农政全书》。全书共 60 卷，达 60 多万字，内容丰富，分成 12 目，包括农

知识链接

徐光启《农政全书》

徐光启在书中收录的酿酒法并不多，《农政全书》卷四十二“制造”记载了黍米酒、当梁酒、秔米酒、颐酒、河东颐白酒、笨麴桑落酒、笨麴白醪酒、拗酸酒等制作方法。这些均抄录于贾思勰的《齐民要术》卷七“法酒”。此外，还记载制作曲糵有黄衣法、黄蒸法、作糵法；制盐方面有常满盐法；制酱酢方面有作酱、大麦酢、秫米神酢、大麦酢、千里醋、小麦苦酒、豆豉、麦豉等制作方法。这些也是大多从《齐民要术》辑录得业，或从明朝初年邝璠编《便民图纂》等前朝典籍。

《农政全书》书影

本3卷、田制2卷、农事6卷、水利9卷、农器4卷、树艺6卷、蚕桑4卷、蚕桑广类2卷、种植4卷、牧养1卷、制造1卷、荒政18卷。不仅总结明朝之前的农政和农业技术，还介绍了部分海外的农业知识。

笔记小说集中的化学

中国古代典籍中有关化学的资料非常零散，其中古代文人骚客留下丰富的笔记小说等著作，就记录了不少化学知识。以下主要选择西晋的《博物志》、唐朝的《朝野佥载》和《酉阳杂俎》、北宋的《梦溪笔谈》、明末清初的《物理小识》5种著作，介绍其中的部分化学知识和化学工艺。

1. 西晋《博物志》

西晋时期，张华编撰志怪小说集《博物志》10卷，原书已佚，如今有范宁校注本《博物志校正》。虽然张华这部书确实是一部小说，但是他从当时的大量传世和出土文献中辑录和保存了一些资料。其中也记载了火浣布、寻找褐铁矿（当时称禹余粮）、剧毒钩吻等部分化学知识。

张华在书中提到一种类似石棉的东西，当时称之为火浣布。《博物志》中说："《周书》曰：西域献火浣布，昆吾氏献切玉刀。火浣布污则烧之则洁，刀切玉如脂。布，汉世有献者，刀则未闻。"张华还记载了用化学技术找矿，文中讲道："地多蓼者，必有余粮，今庐江间便是也。"禹余粮是一种氢氧化物类矿物褐铁矿，这句话讲的就是在蓼草长得非常茂盛的地方，那地下必定有赤铁矿。

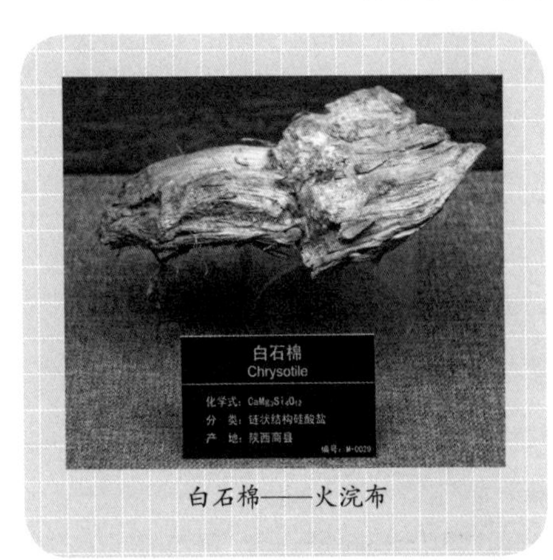

白石棉——火浣布

《博物志》在关于丹药的相关记载中提到了钩吻的剧毒特征。张华还有一则关于汉朝时军火库因囤积油类而着火的记载，书中说："积油满万石，则自然生火。武帝泰始中武库火，积油所致。”这说明汉朝的军火装备中很可能已使用了油。西汉时期唐蒙撰写的《博物记》提到汉武帝时已使用了石油（汉朝时称石漆）。但是张华书中讲的这种油到底是不是石油，现在暂时还无法确证。

2. 唐朝《朝野佥载》和《酉阳杂俎》

《朝野佥载》是唐人张鷟撰写的一部笔记小说集,《新唐书》和《宋史 · 艺文志》均著录20卷，但如今我们所能见到的仅存6卷。此书记载了隋唐时期朝野佚闻，尤其以讥评唐朝武后朝政为多,《资治通鉴》也取用了这本书里的部分资料。

《朝野佥载》讲到岭南人用冶葛（也称野葛、钩吻、胡蔓草等）这种药物来制毒。同时，还提到解治冶葛毒的方法,《朝野佥载》卷一记载：“冶葛食之立死。有冶葛处即有白藤花，能解冶葛毒。鸩鸟食水之处即有犀牛，不濯角，其水物食之必死，为鸩食蛇之故。”这里讲到的解药白藤花，在当时的岭南地区是一种很常见的植物。

此外，晚唐时期段成式（803—863）编撰的《酉阳杂俎》，在中国小说发展史上是一部很有价值的志怪小说。书中在讲述酿造、医药、矿产和动植物等内容时都涉及丰富的化学知识。书中的第356条说道用石油作轮滑剂和燃料：“石漆，高奴县石脂水，水腻，浮水上如漆，采以膏车及燃灯，极明。”第375条很可能辑自《水经注》或说到当地井盐中的伞子盐：“盐，朐忍县盐井有盐方寸，中央隆起如张伞，名曰伞子盐。”《酉阳杂俎》卷十六至十九“广动植物”中记载了部分动植物作药材时的药效，也讲到部分植物的毒药特征。《前集》卷十七第七百三十九条讲到蓝蛇：“首有大毒，尾能解毒，出梧州陈家洞。

《朝野佥载》制毒——钩吻

石脑油（石漆）

《梦溪笔谈》书影

南人以首合毒药，谓之蓝药，药人立死。取尾为腊，反解毒药。”《前集》卷十八第七百五十条提道：“百叶竹，一枝百叶，有毒。慈竹，……食之已痢也。”还讲到两种植物，即侯骚（《前集》第七百七十八条）、酒杯藤（《前集》第七百八十条）都可以解酒。

3. 北宋《梦溪笔谈》

北宋著名的政治家、科学家沈括（1031—1095）撰《梦溪笔谈》。沈括曾参与北宋的王安石变法，是推行变法的重要成员之一。晚年退隐江苏镇江梦溪园，撰写了笔记体的科学巨著《梦溪笔谈》。全书共 17 目 609 条，总计 30 卷，其中《笔谈》26 卷、《补笔谈》3 卷、《续笔谈》1 卷。英国科技史家李约瑟评价这部著作是中国科学史上的里程碑。这部综合性笔记体著作总结了北宋之前的科学成就，其中也涉及了化学学科，观察到多种化学现象，记录了一些化合物的化学性质。现摘录一些片段加以说明。

卷十九第七条（总 421 条）：古剑有“沈卢”“鱼肠”之名。“沈卢”谓其湛湛然黑色也。古人以剂钢为刃，柔铁为茎干；不尔则多断折。剑之钢者，刃多毁缺，巨阙是也。故不可纯用剂钢。“鱼肠”即今“蟠钢剑”也，又谓之“松文”。取诸鱼燔热，褫去胁，视见其肠，正如今之“蟠钢剑”“‘松’文”也。

这条讲到钢是青黑色的，性脆，因此不能只是用钢来制剑。

卷二十四第二条：鄜、延境内有石油，旧说高奴县出“脂水”，即此也。生于水际，沙石与泉水相杂，惘惘而出，土人以雉尾挹之，乃采入缶中。颇似淳漆，燃之如麻，但烟甚浓，所沾幄幕皆黑。予疑其烟可用，试扫其煤以为墨，黑光如漆，松墨不及也，遂大为之，其识文为“延川石液”者是也。此物后必大行于世，自予始为之。盖石油至多，生于地中无穷，不若松木有时而竭。今齐、鲁间松林尽矣，渐至太行、京西、江南，松山大半皆童矣。造煤人盖未知石烟之利也。石炭烟亦大，墨人衣。予戏为《延州诗》云："二郎山下雪纷纷，旋卓穹庐学塞人。化尽素衣冬未老，石烟多似洛阳尘。"

这说明中国很早就发现了石油。石油的名称始于宋朝，但它的相关记载可上溯至西汉初年。《后汉书 · 郡国志》"酒泉郡延寿"的注解引用了西汉唐蒙撰写的《博物记》说道"县南有山，石出泉水，大如筥篴，注地为沟，其水有肥，如煮肉洎，羕羕永永，如不凝膏。燃之极明，不可食。县人谓之石漆"。以后还有多种名称，如唐朝称石脂水，五代至宋称猛火油、火油、石脑油、石烛，宋朝时还称为火井油、雄黄酒、硫磺油、泥油等，但后来就都统称为石油。沈括对石油燃烧的化学现象进行仔细观察，他进一步发现了石油因不完全燃烧而产生浓重炭粒的现象。这种黑色的炭粒有光泽，甚至比松墨更好用。

卷二十五第六条（总 455 条）："信州铅山县有苦泉，流以为涧。挹其水熬之，则成胆矾，烹胆矾则成铜，熬胆矾铁釜，久之亦化为铜。水能为铜，物之变化，固不可测。……又石穴中水，所滴皆为钟乳、殷孽。春秋分时，汲井泉则结石花；大卤之下，则生阴精石，皆湿之所化也"。

文中讲的胆矾溶液就是含结晶水的硫酸铜（$CuSO_4 \cdot 5H_2O$），脱水之后就是胆矾，即硫酸铜（$CuSO_4$）。将胆矾放入铁锅中加热，活性强的铁将铜置换出来：

$$CuSO_4 + Fe \rightarrow FeSO_4 + Cu \downarrow$$

宋朝时已普遍采用这种水法炼铜技术。沈括在这条文字记载中还提到了钟乳石的生成，也就是 $CaCO_3$ 在弱碳酸溶液中被溶解和析出的情形。

此外，沈括还记录了其他的化学现象。比如在卷十九第七条中用硬度、色泽来分别金属铁和钢。沈括曾任朝廷的三司使主持盐政改革，考察和了解过食盐的生产情况，同时还考察多个地方制盐的副产品"太阴玄精"——石膏，观察到它的化学性质。《梦溪笔谈》卷二十六第十七条（共 496 条）记载石膏的晶形结构是六角，颜色绿而晶莹剔透，并通过加热来观察它的结晶水，还提到胆矾呈蓝色，胆矾的味道是苦味等。在卷二十四第十三条讲到丹砂（HgS）并没有毒，而且还可作为初生婴儿服用的药物，然而，当丹砂加热后就会变成剧毒物质。虽然书中没有明确指出丹砂加热后变成了剧毒的水银（Hg），但是沈括以科学的思维得出结论，认为物质的大良和大毒在一定条件下是可以转化的，也是能被人们掌握的。沈括进一步完善并创造了一套科学观察和研究的方法，对后世影响深远。

4. 明末清初《物理小识》

明末清初，著名哲学家、科学家方以智（1611—1671）撰《物理小识》，也称为《名物小识》，这是一部综合性的史料笔记，记录各种科学知识。书的初稿完成于明崇祯十六年（1643），后来方以智还做过修改。现存最早的《物理小识》刻本是清康熙三年（1664）宛平于藻庐陵刻本，其次是清朝光绪十年（1884）宁静堂刻本等。全书 12 卷，卷首为总论，正文分为天类、地类、历类、风雷雨赐类、占候类、人身类、医药类、饮食类、衣服类、金石类、器用类、草木类、鸟兽类、鬼神方术类、异事类 15 类，记录了天文历法、数学、物理、地质、生物、化学和医药等方面的科学知识将近 1 000 条。

方以智

《物理小识》的化学知识大多记载在卷七金石类里，其中讲到了金、银、铜、铁、锡、铅、汞等金属的提取以及合金制造的各种方法，详细介绍了沙中淘金法、分金法、金中出银法、淡金变赤法、渡金法、罩金法、识银法、洗旧铜法、锌铜法、铜锡铸剑、化铁法、火漆铁法、藏铁不锈法、洗锡上垢法、分锡汞法、制汞法等方法。比如方以智在“浓水”条下讲到：“有浓水者，剪银块投之，则旋而为水。倾之盂中，随形而定。……其取硇水法，以琉璃窑烧一长管，以炼砂取其气。”这里讲的“浓水”就是一种无机强酸。金石类“矾”条还说道：“青矾厂气熏人，衣服当之易烂，栽木不茂。”这里讲的“青矾厂气”，是指硫的氧化物遇到水或水蒸气，便即刻生成硫酸和亚硫酸，从而产生雾气的化学现象。

方以智还记载了炼制焦炭的方法，《物理小识》卷七说：“煤则各处产之。臭者，烧熔而闭之。成石，再凿而入炉曰礁，可五日不绝火，煎矿煮石，殊为省力。”这是将煤放在封闭的熔炉里加热制作焦炭。《物理小识》还将这种焦炭分为慢焦和紧焦，书中卷七中“玻璃琉璃”条说道：“今山东颜神镇烧琉璃采诸石，以礁化之，即臭煤也。慢礁三日不熄，紧礁可五日不熄。煮石为浆，重滤而凝，即玻璃也。”这说明当时炼制焦炭的技术也已比较成熟了。

方以智在《物理小识》卷八器用类“抄纸法”条中概括地讲道：“治楮者沤之，投黄葵之根则释而为淖糜，酌诸槽，抄之以帘。其薄者一再抄，厚至五六抄，覆诸夹墙，煏干而揭之。”书中列举了手工造纸中常用的几种“纸药”原料，即黄葵、榆皮、羊桃藤等浸出的黏性液汁。这些都是抄纸中常用的漂浮剂，可以使纸浆在纸槽内均匀分布，使得抄出的纸厚度更均匀。

《物理小识》这部史料笔记记载化学方面的内容有近万字，以上仅作简要介绍。这部书里涉及化学方面的内容，还待后人更深入的探究。

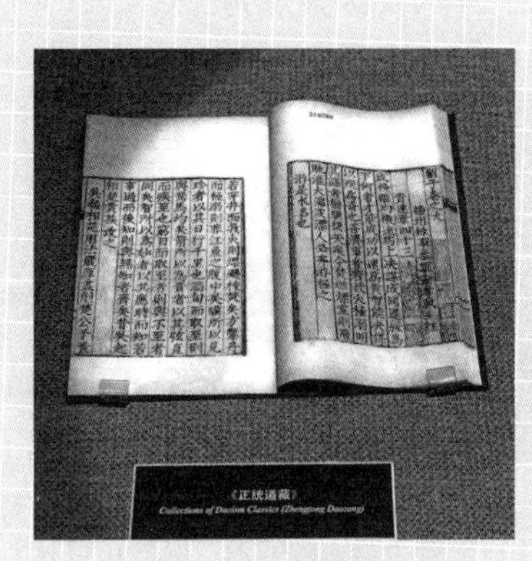

古籍《正统道藏》书影

西汉丹鼎

《道藏》中的化学

这里讲的《道藏》是明正统十年（1445）刊行的《正统道藏》和万历三十五年（1607）张国祥辑印的《万历续道藏》。现在广泛通行的版本是36册的三家本（文物出版社、上海书店、天津古籍出版社1988年版）。《道藏》的外丹经诀不仅构成了《道藏》气势恢宏、内涵丰富的外丹学说体系，而且还是古代原始化学的重要组成部分。在《道藏》36册书中，约有108篇与外丹相关，其中专门讨论外丹的经诀约有95篇。“外丹经”是相对《道藏》文献中的“内丹经”而言的。其中的“经”实际上包括了“经”和“诀”两部分：“经”就是经书，“诀”则包括了歌诀、诗诀、口诀和文诀。魏晋以前外丹书多用诀，晋以后道士则多将丹诀题为丹经。因此，所谓的“外丹经”，就是烧炼外丹和黄白的经诀。道士们在烧炼外丹和黄白的过程中，观察到了一些化学现象，总结了炼制、试验和服食外丹过程中物质变化的性质和功用，这些记录成为中国古代最具科学探索精神的化学知识。

1. 古代道士何以要伏火炼丹

对于道士没有或很少直接服用天然矿物，而是间接服用经丹鼎烧炼后的丹药的原因，有学者认为，这是由于天然金石矿物含有大毒的缘故，于是才用火炼的办法来制伏其毒并提炼其飞升的精华。该见解不无道理，且具有相当的代表性，它说明了道士从直接饵服天然金石（主要是黄金、丹砂）过渡到火伏金石、烧炼神丹的一个重要原因。但是，除金石重坠之物不堪直接服食须火炼伏毒这一表面原因外，道士采用伏火的手段外丹还有如下三个重要原因。

一是，经过丹鼎小宇宙的烧炼可以有效地将不同金石所含的精气合而为一，使原来分存在于各矿物内的精气都凝聚到丹药中。

服食了丹药，也就同时摄入了所有金石矿物的精气，这较之单独服食或分别服食天然矿物的效果要好得多。更重要的是，未经丹鼎伏炼的天然矿物，其内在的精气提炼不出来，不能为人体所吸收，也就达不到“假求于外物以自坚固”的目的。那么,在道士们的眼里,天然金石类矿物在自然中到底都吸收了些什么样的精气呢?不妨举如下几例看看。

雄黄、雌黄、黄汞、黄金吸收的是“正土之气”:

正土(中央之土)之气,御乎埃天。埃天五百岁生缺(雄黄),缺五百岁生黄埃(雌黄),黄埃五百岁生黄澒(黄汞),黄澒五百岁生黄金。

曾青、青汞、铅吸收的是“偏土之气”:

偏土(东方之土)之气,御乎清天。清天八百岁生青曾(曾青),青曾八百岁生青澒(青汞),青澒八百岁生青金(铅)。

丹砂、赤汞、铜吸收的是“牡土之气”:

牡土(南方之土)之气,御乎赤天。赤天七百岁生赤丹(丹砂),赤丹七百岁生赤澒(赤汞),赤澒七百岁生赤金(铜)。

礜石、白汞、银吸收的是“弱土之气”:

弱土(西方之土)之气,御乎白天,白天九百岁生白礜,白礜九百岁生白澒(白汞),白澒九百岁生白金(银)。

磁石、黑汞、铁吸收的是“牝土之气”:

牝土(北方之土)之气,御乎玄天,玄天六(水行生成数)百数生玄砥(磁石),玄砥六百岁生玄澒(黑汞),玄澒六百岁生玄金(铁)。

除此之外，金石类矿物还有所谓的“天地精英之气”“太阳之气”“太和之气”“青阳之气”“离宫之气”等。道士们认为，当把这类矿物投入丹鼎内烧炼后，它们各自所禀赋的天地自然精气，就会随着药物的熔化而被提炼并浓缩汇聚到丹药中。对此，唐陈少微《大洞炼真宝经九还金丹妙诀》有云：“夫还丹，本阳九之精降受二十四真，真水真火内外包含，含化五神，五神运气积而为砂、积砂成丹，禀积气极乃号‘紫华红英大还之丹’。……其汞烧抽变炼，则含其内水火之精气，亦合于七篇之大数，自然水、火、金三光禀气相会，合精而化灵证真也。……且阳元之魂遇阴气所感，伏形成魄，谓之兑金。兑金则见阴质而更合药精，渐令去其滞气，灵汞投化转转增光，反浊归清，然后正阳之体。其修金用药，穷真合元，令其灵通于七篇也。”因为铅汞具有“合精”“合元”等聚气浓缩效应，以它们为主要药物烧炼的还丹也才有了“化灵证真”和“灵通于七篇”的神力。这种观念的本质，实际上是认为物质内的精气具有一种“浓缩”效应，而正是这种“精气浓缩”观念，才使得道士们不断地将天然金石类矿物投入到丹鼎内，同时也是后世丹家将愈来愈多的矿物用于外丹的重要原因之一。因为药物愈多，丹药中所浓缩的各类药物的精气也就愈多，成仙的速度也就愈快。

二是，一旦将这些金石矿物投入丹鼎内烧炼就等于对它们重新进行了一次宇宙的生成演化过程。因为丹鼎是“合天、地、人三才五神而造”的，它模拟的是整个宇宙：“上台高九寸为天，开九窍，象九星；中台高一尺为人，开十二门，象十二辰，门门皆须具扇；下台高五寸为地，开八达，象八风。”《九转灵砂大丹资圣玄经》也说：“鼎有三足，以应三才，上下二合以像二仪，足高四寸以应四时，炉深八寸以配八节，下开八门以通八风，炭分二十四斤以生二十四气。阴阳颠倒，水火交争，上水应天之清气，下火取地之浊气。”这都是人为地在丹鼎内模仿天道运行、万物生成的规律，将自然界中的二仪、三才、四时、八节、八风、二十四气都囊括汇聚在丹鼎内，丹鼎便由此获得了天地造化的枢纽，实现了由自然大宇宙到丹鼎小宇宙的转化，从而为药物的生成提供了演化的天地。经过这样丹鼎小宇宙的烧炼，以人间烟火仿造宇宙天火的造化之功，在人造的丹鼎小宇宙中浓缩自然还丹的造化过程，从而大大缩短了还丹的形成时间。因为在炼丹家的时间表中，丹鼎内一个时辰，即相当于世上一年，若是炼上九九八十一天，就相当于烧炼了上千年。这实际上可称之是一种“时间浓缩”的观念。

三是，一旦将药物投入丹鼎丹鼎也就随之获得了天地间一些最具灵气的药物，它们极易以自身的灵气与外界天地相互感应，从而将自然宇宙间的造化之功吸收凝聚在丹鼎小宇宙内。与“时间浓缩”观念相似，这实际上是一种“空间浓缩”的观念，这在《周易参同契》中表现得尤为明显。《周易参同契》极力推崇铅汞为外丹至药，将汞尊为七十二石之首，铅列为“五金之主”，认为只有以铅汞的至尊至贵之象，才能感应激荡天地自然精气，才能炼成至宝大药。因此，丹鼎小宇宙不仅能有效地浓缩时间，还能有效地浓缩空间。正是这两种观念的存在，才使得投入丹鼎内的金石类药物，在极短的时间内获得宇宙空间中极大量的自然精气，并最终转化为浓缩了多种多量自然精气的产物——丹药。

基于上述三种主要观念，道士们才不断地将单味或多味金石药物倒入丹鼎，目的就是通过伏火的手段，在极短的时间内，将天地间的精气都浓缩凝聚在丹药中，人服食了这种丹药，就会摄入其中的大量自然精气，进而达到“与天相毕，与日月同光”的长生不死境界。而所有这些观念的建立，又都直接或间接地与早期神仙思想的泛滥和《周易参同契》的外丹学说有这样或那样的关系。

2. 丹经要诀中的化学

炼丹经卷中的金丹术和黄白术实质上就是化学知识和化学工艺。这里主要选取了《黄帝九鼎神丹经》《太清金液神丹经》《三十六水法》《太上八景四蕊紫浆五珠降生神丹方》《华阳陶隐居内传》等几种著作，介绍其中有关的化学知识。

1）万古丹经王《周易参同契》

《周易参同契》的成书时间可能要稍晚于《道藏》中收录的《黄

帝九鼎神丹经》和《三十六水法》。有关这书的成书朝代，学界还有争议，在此暂以汉朝说为据，大约写于汉顺帝与汉恒帝（126—147）之间。《周易参同契》，简称《参同契》，是世界上现存最古老、最完整的炼丹类著作，至宋朝时更被道徒们奉为“万古丹经王”。这部道教经典对道教炼丹思想及理论影响极大，自汉朝以来，凡是讨论炼丹，很少能脱出它的范围。《参同契》的外丹学说吸收发展了汉朝易学及矿学方面的成就，主要表为 4 个方面，即“丹鼎小宇宙论”“丹药生成化合论”“丹药五行反应论”和“铅汞大丹论”。

“丹鼎小宇宙论”认为，修丹与天地造化乃同一道理，天道与丹道是相通的。此说将丹鼎视作一个小宇宙，以应自然界的大宇宙；以小宇宙的药物，应大宇宙的日月星辰；以丹鼎内药物的烧炼变化，应自然界万物阴阳五行的运作。因此，丹鼎小宇宙不仅能有效地浓缩空间，也能够极为有效地浓缩时间。这种时空的浓缩效应，正是促使炼丹家不断将矿物药倒入鼎中的重要原因之一。

“丹药生成化合论”将阴阳学说用于解释丹药的生成，认为万物的产生和变化都是阴阳相须交错、使精气得以抒发的结果。《参同契》推崇铅汞阴阳二药，以铅为阴，以汞为阳，阴阳二药在丹鼎内雌雄交合，造化施功，从而促使铅汞和水火之气相交合于丹鼎之内而生成至药还丹。

“丹药五行反应论”就是借助五行学说以阐明丹药的变化过程，借以解释药物相互化合的原因，从而说明铅、汞、丹砂、仙丹等丹药的转化及生成。《参同契》所建立的这个外丹理论，成为后世道教徒烧炼外丹普遍遵循的原则。

“铅汞大丹论”就是主张只用铅汞为原料烧炼大丹。因为铅是“五金之主”，而汞则是“灵而最神”的升仙灵液。另外，《参同契》的外丹理论还包括在它的所谓“此两孔穴法”中，该法认为，在固态铅上，好像存在着流出、流入两个孔，当液铅从出孔流出时，铅就变成了液铅；当液铅从入孔流入时，又重新还复为铅。同样，当丹砂中的汞从“出孔”流出时，就只见汞而不见丹砂；当汞从“入孔”流入时则只见丹砂不见汞。这是《参同契》时代未能明了铅的凝固及熔化的物理和化学机制时的一种解释，也是《参同契》主张只以铅汞炼丹的一个重要原因。

依上所论，《参同契》的主旨就是炼大丹、服大丹，因为在当时的道士们的观念中，只有炉火大丹才是通往不死成仙的不二法门。因此，《参同契》就是一部借炉火大丹而致神仙不死的外丹经。

2)《黄帝九鼎神丹经》

据享誉中外的知名化学史家陈国符考证，出于西汉末东汉初的《黄帝九鼎神丹经》，即为唐朝人所辑的《黄帝九鼎神经诀》第一卷，其与晋朝葛洪《抱朴子·金丹》所引用的《黄帝九鼎神丹经》内容、字义相同，属《黄帝九鼎神丹经》的正文部分。而《黄帝九鼎神经诀》卷十的“真人歌九鼎”及卷二十的“九鼎丹隐文诀”，则是该经原文之摘录。且《道藏》收录的《九转流珠神仙九丹经》，实为《黄帝九鼎神丹经》的经文、丹法及注文。该经后为左慈、张陵所得，然后流传于世。

汉武帝元鼎四年，方士公孙卿利用汾阳出土大鼎之机，上献鼎书，杜撰“黄帝得宝鼎宛朐”和“黄帝采首山铜，铸鼎于荆山下，鼎既成”，黄帝得道骑龙上天等故事，甚至当时的史学家司马迁也相信这些事情都是真的。司马迁《史记·封禅书》记载：

> （黄）帝得宝鼎神策，是岁己酉朔旦冬至，得天之纪，终而复始。于是黄帝迎日推策，后率二十岁，得朔旦冬至，凡二十推，三百八十年，黄帝仙登于天。

黄帝不死在道士们看来是可信的。因此《黄帝九鼎神丹经》的命名，可能有关黄帝不死与铸鼎的故事。而且还有另外一个重要原因，就是假托黄帝之名从而抬高自我。《淮南子·修务篇》就讲道：“世俗之人多尊古而贱今，故为道者必托之于神农、黄帝而后能人说。”比如《神农本草经》《黄帝内经》都是这类假托圣贤之名的做法。丹经名称冠以“九鼎”，除了“九”是阳的极数外，还与古人视鼎为神圣的饮食器有关，这其实是观念崇拜的产物。

针对《黄帝九鼎神丹经》的外丹思想及理论，著名化学史专家赵匡华曾从 6 个方面作了概括："其一，他们摒弃了自战国以来以服食草木仙药为主，以服食某些天然矿物（如丹砂、云母、石钟乳）为辅的长生术，转而独尊经人工升炼的神丹。为丹鼎派发表的'宣言书'，或者说是丹鼎派炼丹术思想的核心。其二，炼丹术的'丹'在这里首次亮相，这是现存的最早记载。其三，以金液、还丹为中心，'假外物以自坚固'的长生术指导思想从此确立起来。其四，明确指出制作金液（药金）、点化黄金乃为服饵长生，而非（也不应该）以发财致富为目的。其五，这部丹经明确指出，神丹既可服饵，又可点化黄金，兼有捍卫肉体与加速金属精化、演进的特异功能，而且把点化药金的成败作为神丹灵验与否、修炼火候是否适当的一个检验标准。其六，提出天然金石矿物积郁了太阳、太阳之气，而含有大毒，于是提出以火炼的方法来制伏其毒，并提炼其飞升的精华。正是出于这种见解，道士的服食便从直接饵服天然金石（主要是黄金、丹砂）过渡到火伏金石，升炼神丹的炼丹术技艺。"《黄帝九鼎神丹经》的思想及炼丹经验，为后来道教外丹经所继承，尤其对葛洪"假外物以自坚固"的金丹理论的形成，起到了重要作用。魏伯阳更直接继承了这部丹经的思想，他说："惟昔圣贤，怀玄抱真，伏炼九鼎，化迹隐沦。"还说"先白而后黄兮，赤黑达表里，名曰第一鼎兮，食如大黍米"。魏伯阳所谓的"第一鼎"，也就是《黄帝九鼎神丹经》中的第一鼎"丹华"，由此可见魏伯阳是很熟悉这部丹经的。

3)《太清金液神丹经》

《太清金液神丹经》，李约瑟等认为年代难定，但肯定在南朝梁以前，含 320—330 年在内，但大多文字更可能是第 5 世纪初叶的。今按：此年代段隐指葛洪及稍早于陶弘景，实与内容不合。陈国符据原文韵脚考证，定此书出于西汉末、东汉初。142 年张陵得此书，且托名太上老君授，以故神其说（正如《九鼎丹经》托名黄帝一样），尽管今本有张陵序，然亦可能如张陵所言，此书在他之前已有。果如此，其成书年代与陈氏所言亦不相矛盾。因此，说《太清金液神丹经》卷上为现存最早丹经之一（略有后人文字混入）亦不为过，它与《参同契》约略同时代而稍早。至于"太清"之冠名，如前所述，实因其属《太清经》金丹黄白部之故。

《太清金液神丹经》分上、中、下三卷。上卷可分为三部分：其一为天师张陵所作之序，论及导引行气、炼制金丹、淋浴斋戒等，显示了早期道教修炼中内养与外炼并重的特点；其二为叙述“太清金液神丹”的经文，其主体是一首“合五百四字”的韵文，体现了炼丹中水法与火法并重、行气与导引共融的特点；其三是韵文所作之《注》：“此《太清金液神丹经》文，本上古书不可解，阴君作汉字显出之”，无非是将古文金液神丹经用今文做出诠释。我们知道，今文经与古文经之分的一个依据，就是所写本子的不同。今文经是经师口授，以汉朝流行之隶书写成。从《太清金液神丹经》内容上看，不可能是先秦六国时的作品，如前所述出于西汉末东汉初，此时虽以今文说为主导，但亦不排除在阴君之前（约西汉末东汉初）有人以古文经的形式撰写了该丹经，故此才有阴君以今文“作汉字显出之”之记载。然此话显系后人追述之语，故阴君与张陵一样，应为东汉末传人之一，而非撰者本人。按阴君即为东汉末之道士阴长生，阴君传授给马鸣生，而马鸣生又于青城山传授《太清金液神丹经》。因此，该丹经成书时间最迟不会晚于马鸣生。

而上卷经文所述六一泥及玄黄作法，则多与《黄帝九鼎神丹经》相同，唯玄黄中水银或铅的用量采用了《三十六水法》的配方：“水银九斤，铅一斤。”而《黄帝九鼎神丹经》是：“水银十斤，铅三十斤。”两者在铅的用量上差了许多。在此基础上经文紧接着又提出了“作丹法”：取好胡粉，放在铁器中以火加热，如金色，与玄黄等分，和以左味（醋）治万杵，涂上下釜内外，再加越丹砂 10 斤，雄黄、雌黄各 50 斤，以六一泥涂釜际会处，经马屎、糠火烧 36 昼夜，药成，冷却一日，打开，以鸡羽扫取，即得金液神丹。其成分大约为 HgS、As_2S_2、As_2S_3 的混合升华物，服之 7~10 日，任何人都可成为神仙。当然，“药成者，金成”的检验标准在此也是成立的：“先以一铢神丹投水银一斤，合火即成黄金。”这里的“黄金”应主要为砷汞齐。

中卷署名为“长生阴真人撰”。正文的主体是卷首的“金液还丹歌”，注云：“凡六十三字，本亦古书难了，阴君显之，作金液还丹之道。”从歌词看，似为水法金液的描述。此卷并有“作霜雪法”：“取曾青、礜石、石硫磺、戎盐、凝水石、代赭、水银七物合治，以醇醯和之，置土釜中，苇火其下，四日夜，神华霜雪上着，鸡羽扫之，名曰霜雪。”据赵匡华、吴琅宇先生推断，文中所得“霜雪”可能是氯化亚汞（甘汞 Hg_2Cl_2），为现存文献之中最早记载。

丹经下卷为“抱朴子述”，多记葛洪在扶南等南海诸国考察当地有关丹砂、硫磺、曾青等产地情况。然葛洪扶南之行是否成行，学界尚无定论。但无论是葛洪亲历，还是据传闻所写，抑或为后人伪托，其与《太清金液神丹经》已无多大干系。

4)《三十六水法》

中国古代炼丹术有火法炼丹和水法炼丹两种，相对水法炼丹来说，道教丹术更大量使用的是火法炼丹。与火法炼丹聚天地精气的方法不同，水法炼丹要在提取存在于金石矿物中的精气。方法虽有不同，其实别无二致，都是为了获取外部的精气，进而与道同体，长生不死。

今《道藏》所录《三十六水法》，为现存水法炼丹的早期著作，唐《轩辕黄帝水经药法》实据此书而出。据《黄帝九鼎神丹经诀》卷八“明化石序”谓：“臣闻凡合大丹，未有不资化石神水之力也。此水之法，虽自黄帝，至于周备，则是八公‘三十六水’之道也。”又说：“昔太极真人以此神经及水石法授东海青童君，君授金楼先生，先生授八公，八公授淮南王刘安。”陈国符先生考证后认为，《三十六水法》乃汉朝古籍。《太平御览》有“淮南王安从仙公受《金丹》及《三十六水方》”之说，故该书出于汉朝大概不会有错。葛洪《神仙传 · 淮南王八公》亦载：“一人能煎泥成金，凝铅为银，水炼八石，飞腾流珠，……变化风雨云雾，无不有效。遂受丹经及《三十六水银》等方。”该法涉及溶液中酸碱平衡、沉淀平衡、氧化还原平衡和综合反应平衡 4 个平衡在内的多种水法反应，通常采用将金石药物置“华池”内溶解为溶液或悬浊液的方法进行。但水法炼丹并非一成不变，在晋朝，尤其是在隋唐以后，道教炼丹术有将水法与火法相结合的趋势，在炼丹中交替使用，不再单独分出水法或火法，特别是在一些炼丹中使用了植物、植物灰以及成分较为复杂的金石药物后，使用水法伏炼的情况就更多，这在稍后的炼丹著作中有不少记载。

《三十六水法》或“三十六水经”包括了矾石水、雄黄水、雌黄水、丹砂水、曾青水、白青水、胆矾水、磁石水、硫磺水、硝石水、白石英水、紫石英水、赤石脂水、玄石脂水、绿石英水、石桂英水、石硫丹水、紫贺石水、华石水、寒水石水、凝水石水、冷石水、滑石水、黄耳石水、九子石水、理石水、石脑水、云母水、黄金水、白银水、铅锡水、玉粉水、漆水、桂水、盐水。今本《三十六水法》在这第35“盐水”之后说：“右三十六水法，古本省要，易可遵用。而诸石中，亦有非世所识，丹药不尽须之者。其朱点头十五种，是后荐之，限石名既同，所以合此也。”所谓“朱点头”今已不见。然据此，原书之水应从上述35种水中去掉15种。这样，原来古本中应有20或21种水。《抱朴子・内篇》中的《金丹》《黄白》《仙药》等篇中，至少辑录有丹砂水、雄黄水、矾石水、曾青水、三五神水、云母水、玄水液(磁石水)、五石液、银水、蚌蛛水、桂葱水、浮石水、玉水这13种水，并均出自《三十六水经》。故葛洪所见该经估计与“古本”较为接近。晋朝以后炼丹家又在35“盐水”之后，复加了石胆水、铜青水、戎盐水、卤碱水、铁华水、铅釭水、釭水7种。所以今本《三十六水法》有42种水，共59个方。

《三十六水法》是了解古代炼丹家是否掌握了化学溶解的一则重要例证。事实上，上面所列42种水中，“除少数如盐水、石胆水、卤碱水是真溶液外，其他绝大多数是矿物粉与消石（KNO_3）溶液构成的悬浊液”。但近代以来，不少科技史家却一直致力于研究其中的化学溶解作用，在取得一些成绩的同时，也留下了诸多不解和疑问。事实上，《三十六水法》所载各种“水”，多为后来众多的炼丹和医药著作所称引，其中比较重要的有黄金水、丹砂水、雄黄水、雌黄水和矾石水等，均据所炼丹药的不同而选用。“黄金水”作为火法炼丹与水法炼丹间的一种过渡，不仅为古代炼丹家所推崇，而且也受到不少近代化学史家的重视。然而古代炼丹家追求的是通过黄金的伏炼而获取长生不死的“金液”大丹；化学史家的兴趣则在于搞清楚，古代炼丹家是否已掌握了溶解各种金石矿物的化学方法。李约瑟等人首先指出，《三十六水法》诸方中均大量使用了稀薄的硝酸，王奎克和孟乃昌则更进一步认为，“金液”丹中也使用了稀硝酸，并巧妙地把酸碱反应与氧化还原反应加以统一运用，从而肯定了道教炼丹术至迟在 4 世纪道士葛洪活动的时代，就已开始了应用非蒸馏法无机酸的历史。

水法炼丹的真正原因，并非真的要去“溶解”黄金或其他矿物，而是要想方设法将黄金或金砂类矿物中的不朽因素提取出来。对此，《太清金液神丹经》说：“金在醯（按即醋）中过三七日（21 日）皆软如饵，屈伸随人，其精液皆入醯中。”可见，道士服食的并不是将金溶解后的液体，而是要服食由“金”汇入到醯中的精液，即原先隐含在金块内的精气或精液一类能使人长生的因素。通过醯或水的浸泡，道士们认为就可将隐含的这些因素提取出来。因此，在古代道士们的理解中，“水”并非指金砂溶化后变成的溶液，而是指在苦酒等液体内浸入金石类矿物药，在经过一定时期的浸泡后，金石类矿物药中的不朽因素便会进入苦酒等液体中，服食了这样浸泡成的液体，自然会汲取其中所富含的不朽因素，进而获得与金石，尤其是与黄金一样不朽长生的功能。与丹鼎猛火烧炼中不可避免的丹药渗漏不同，道士们想借华池的药醋，将五金八石的精华“销入药”中，人服食了这类丹药，便可摄取“销入”药中的精华，其目的与服饵炉火大丹以求长生的愿望是一致的。事实上，这正是古代炼丹家水法炼丹的真正原因。今人在理解的过程中大多走入了歧途，只在“溶解”上下功夫，偏离了古人的原意，故生出诸多牵强和疑问。

不过，在对金的溶解上，中国古代炼丹家倒真的是找到了一种奇妙的方法，即汉朝时已广泛使用的“鎏金术”，从而真正实现了对金的“溶解”。该法是先将金与汞制成金汞齐，然后在配有雄黄、寒水石、紫游女（铁矿水）、玄水液（磁石水）、硝石、丹砂的醋溶液（华池）中将汞溶解掉，从而使金分子析出形成胶体溶液。另外，当这些矿物药中混有碘化物时，在溶液中便形成碘酸盐（IO_{3-}），这大概是溶液中加入硫化铁使碘还原的结果。在碘酸盐存在的硝石和醋酸溶液中，金元素甚至可以被空气中的氧气所氧化，从而溶解金属金。

5)《太上八景四蕊紫浆五珠降生神丹方》

陈国符简称《太上八景四蕊紫浆五珠降生神丹方》为《八景丹方》，他考证这部丹经著成于西汉末至东汉初出世。然而，因为《八景丹方》是道教《上清经》经文的一种，陶弘景（456—536）撰写《真诰 · 翼真检》中记载："伏寻《上清真经》出世之源，始于晋哀帝兴宁二年太岁甲子。"因此,《上清经》出世时间应当在364年。因为《八景丹方》出世朝代与《上清经》大略同时，也就极有可能是在晋哀帝兴宁二年（364）左右。这是一部专讲炼丹的文诀，收入今本《道藏》第34册《上清太上帝君九真中经》卷下，题"张道陵撰并著"; 同时，还被收入《云笈七签》第六十八卷，并有"宋朝……张君房集进"之语。

依照道教所谓的"丹药"和"黄白（也称药金、药银）"，两者既有相同点又有不同点。就相同点而言，丹药多用于实现羽化成仙的目的，而黄白除了成仙外，还可用于致富；就不同点来说，丹药通常是指凝结在上釜内壁的升华物，而黄白则指两种或两种以上的金属化合物或金属齐类。《八景丹方》除烧炼有"太上八景四蕊紫浆五珠降生神丹"外，还烧炼有"明月五珠丹""三华飞纲之龙"两种外丹以及"四蕊紫浆"(又称"四蕊紫映")、"萎蕤金""金""紫金""紫蕊玉"和"玄梨绿景玉"6种黄白。因此,这部丹经实际上记载了"三丹""六黄"的烧炼。"三丹""六黄"的烧炼，涉及过程非常复杂，总的来说有以下八个方面的认识和结论。

（1）道教与科学的确有千丝万缕的联系，世界上所有的宗教中，只有道教是为其宗教目的而主动、积极地从事科技制作与科学探索活动。

（2）《太上八景四蕊紫浆五珠降生神丹方》出于晋朝中叶，而非"西汉末、东汉初"。

（3）在道士将药物纳入丹鼎底部的过程中，其紧挨着放入的2千克雄黄（As_2S_2）、1.5千克雌黄（As_2S_3）、2.5千克空青

（$CuCO_3 \cdot Cu(OH)_2$）、1.5 千克薰陆香和 0.5 千克硝石（KNO_3），已经包括了火药配方中的硝、黄、炭三种元素。而且道士有意用大剂量、高熔点的空青将二黄与硝石和炭隔开，说明至迟在晋中叶时，炼丹道士已经认识到“三黄”与植物、硝石合并后会发生燃烧和爆炸现象。道士们为防止燃烧与爆炸事故的发生，便有意采取措施将二黄与炭和硝石隔开，同时采用了逐渐加热和隔热降温的方法。

（4）药物中的 5 种有机物（薰陆香、青木香、鸡舌香、白附子、真瑰）在缺氧加热时会碳化，产生的碳（C）与 As_2O_3 反应会析出单质砷（As）。这可能是世界上最早制得的游离态元素砷。

（5）“萎蕤紫金”中所获得的“彩色金”，较孙思邈《太清丹经要诀》中的“伏雌雄二黄法”早 300 年左右。

（6）“八景丹”成分中所含有的硫酸亚汞（Hg_2SO_4），虽不及赵匡华先生考订东汉“五毒方”已制得硫酸亚汞的结论早，但却是实实在在地制得了这种自然界不存在的化合物。

（7）晋朝中期时，道士可能已磨制或烧炼出了凸透镜，并用于放大细小的粉末图像，从而制成了世界上最早的放大镜。

（8）至迟于晋朝中期，道士们已经有了等比数列的概念，并将其用于炼丹时间的确定。

6）《华阳陶隐居内传》

今本《道藏》第五册所载唐贾嵩《华阳陶隐居内传》与陶弘景的《真诰》，是现存有关南北朝道教炼丹活动的两篇最重要的文献。该传除卷首附贾嵩自述外，全书分上、中、下三卷。上卷记陶弘景家谱世系，以及其早年生平和出仕事迹，止于永明十年（492）。下卷乃录文人名士为陶弘景所撰之碑文、墓志铭及像赞酬应诗文之属。其中窜入北宋宣和年间加封陶弘景的诏书，当系后人所加。中卷与上卷略同，亦为传记体例，记陶弘景辞官隐居茅山炼丹、著书事迹，直至大同二年（948）陶弘景解驾违世止。该卷所记陶弘景为梁武帝炼丹事颇详，虽间有文字简略之虞，然以其为主线并考诸他书，则可窥陶弘景炼丹事迹之大。

陶弘景乃上清派重要传人，茅山宗开创之宗师。考上清派早期传授之经典，虽亦包括一些属于金丹、服食的内容，但上清派仍以“存思”“服气”为主，属精、气、神兼修的道派，一般不从事炼丹活动。那么，为何陶弘景在隐居茅山后，开始了长达20年的炼丹活动呢？很重要的一点是与梁武帝让陶弘景为其烧炼丹药有关。除此而外，它还是道教与政治相互利用、调和的结果：一方面，陶弘景要借统治阶级的势力来谋取道教的发展，至少在佛教势力鼎盛的时期，争得与佛教并存的机会；另一方面，亦与梁武帝挟道教以令天下道徒并借以赢得民众的信任和支持有关。当然，也与当时整个社会对炼丹术的崇信不无关系。

但作为一个清醒的道教徒及学者，陶弘景对服丹可致羽化登仙的效果是深表怀疑的。还在其18岁时便对炼丹颇有鄙视之心，《华阳陶隐居内传》卷中即云：“先生……年十二（465）时，于渠阁法书中见郄愔（313—384）以黄素写《太清》诸丹法，乃忻然有志。及年二九（473）授（应作“受”）上道，见《上清太极法》，遂鄙（“《太清》诸丹法”）而不为，奚况饵毒丹，求道遁去乎！”此时的陶弘景虽尚未成为上清派传人，但已视上清为上道，这也是其日后成为上清派传人的重要原因，而鄙视炼丹的思想已然萌生，甚至将上清以外的丹药均视作毒丹。无怪乎当其50岁开始为梁武帝炼丹时曾质问道：“吾宁学少君邪？”待至炼丹18年（此时陶已68岁，离最后炼丹成功还有两）欲以试丹法验其已营丹药成败时，乃云梦中有仙人告其：“不须试，试亦不得。”“世中岂复有白日升天人？”于是乃将18年艰辛炼得之丹“一皆埋藏”，认为它们离真正成功的丹药还有差距，只好弃之重炼。由是可见，若非顾及道教的发展、武帝的敦促以及侯王公卿们的冀盼，想来陶弘景是不会以其道教领袖之身份而从事炼丹的。

既然要炼丹，那就面临着具体炼什么丹的问题，陶弘景经多方筛选，最终择定“高真上法”中的“九转丹”。认为，要想获得“梯景辔云之速”的效果，没有比用朱砂、雄黄为主烧炼的九转丹更佳的了。据《内传》说：“惟九转所用药石，皆可寻求，制方之体，辞无浮长，历然可解。”看来，隐居选定“九转丹”是颇费心计的，并非仅因九转丹药石易寻、丹法易解之故，决定其最后取舍者，实因“九转丹”乃正统上清派丹法，其本人作为上清派代表人物，选用本派丹法固在情理之中。从“九转丹”成分知，其中含有多量之砒霜（As_2O_3）与还丹（HgO），此二物均为剧毒之物，故三君所言“挹‘九转’而尸臭”实乃经验之说。

梁天监四年（505）春，陶弘景正式开始炼丹。据《内传》载：“四年春，先生出居岭东，使王法明守上馆，陆逸冲居下馆，潘渊文、许灵真、杨超远从焉。是岁有事于炉燧，明年（506）元日，开鼎无成。”所谓“有事于炉燧”，包括选择炼丹地址，营建丹房、丹灶、丹鼎，准备燃料，履行必要的炼丹仪式，起火炼丹等事项。在经历 6 次失败、无数挫折之后，普通五年（524，陶氏 69 岁）九月九日，陶弘景再次“涂鼎起火”，“明年（普通六）正旦甲子开鼎”，但见“光气照烛，动心焕目，形质似前者而加以彩虹杂色”。与丹家所说“九转丹成，则飞精九色、流光焕明”颇为一致，陶弘景认为是成功了。对此《内传》云：“始天监四年初有志于此，及是凡七营乃成。”这期间经历了长达 20 年的时间，比北魏诸帝的炼丹活动，实在是有过之而无不及，是炼丹史上一次规模空前的活动。

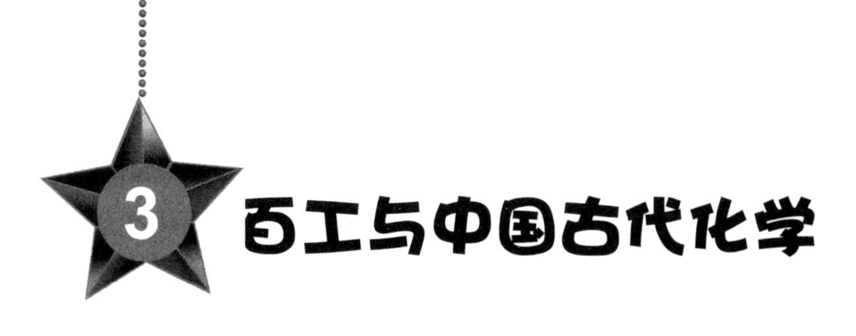

3 百工与中国古代化学

化学知识与智慧来源于生产生活的实践以及实验活动。中国古代化学最重要的部分就是来自包括医药、手工业、农业等在内的古代人民的生产技艺及经验总结。这些技艺可以“百工”统称，包括从事金、石、土、木、竹、漆等手工业，例如冶金、陶瓷、酿造、漆艺等。这里仅选取医药、农业、服饰、涂料方面的古代工艺，简要概述其中的化学知识。如今，我们可通过文献记载、出土文物、传统工艺等来了解和探究这些古代流传下来的富贵财富。

医药与化学

中国古代的华佗、陶弘景、孙思邈等医药高手，用实地考察和科学实验的方法研究药物，为化学的演进和发展做出了不可磨灭的贡献。同时，古代化学也为中国医学发展提供了诊治疾病和医疗的手段，合成了一些特效药品。古代医药运用矿物铅、汞、矾、砷、钙等合成药物，用于治疗疾病。此外，还运用草药制作麻醉药。这些药物的制作加工，以及药性和药效，成为古代医药化学的重要内容之一。

1. 铅化学

铅（Pb）是古代较早被认识和利用的一种金属，主要用于冶炼青铜。含铅的矿物药有铅丹（又称黄丹，由铅的多种氧化物混合在一起）、铅粉（又称粉锡）、密陀僧（氧化铅）、黑锡丹（由铅和硫烧结而得）、铅霜（含醋酸铅）、子母悬（赵学敏《本草纲目拾遗》记载子

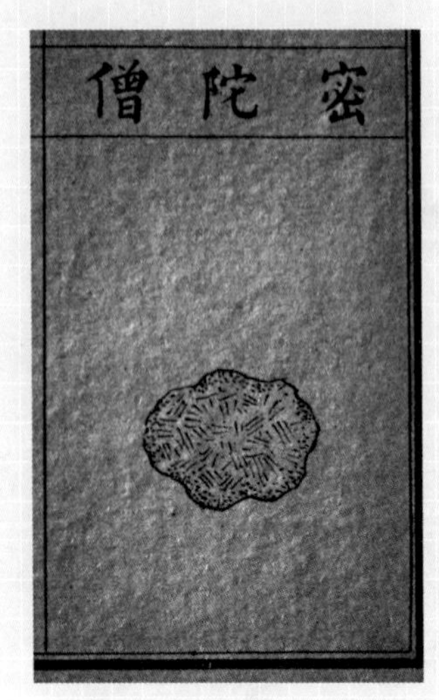

密陀僧

母悬乃铅之精气所结）等。铅丹、铅粉和密陀僧都属于有毒的矿物药，均可治疗疮疽、狐臭等病症。这些药物与香油相熬，可调配成各种外贴膏药。

铅的氧化物在不同温度下生成多种铅的氧化物，呈现不同的颜色。《神农本草经》将铅丹列为下品药，并说铅丹可以“炼化还成九光”。《本草纲目》记载铅变化最多，“一变而成胡粉，再变而成黄丹，三变而成密陀僧，四变而为白霜”。

铅粉也称为胡粉，是铅的无机化合物。《神农本草经》下品药里收录了铅粉（粉锡）这味药。明弘治年间医药家刘文泰《本草品汇精要》卷五和明李时珍《本草纲目》都比较完整记载了铅粉的制作工艺，可见明朝时铅粉的生产规模也已非常可观。《证类本草》引用陶弘景注解人造铅化合物胡粉（$2PbCO_3 \cdot Pb(OH)_2$）和黄丹（Fe_3O_4）时，说“（粉锡）即今化铅作胡粉也”。当铅制器皿在盛醋时，铅与醋酸相互作用就会生成碱式碳酸铅，也就是铅粉。当天然水的 pH（水的酸碱度）大于 8.5 时，碱式碳酸铅就非常稳定，不易溶解于水。因此，含铅的炊具和食用器具也非常安全，就是这个道理。它的反应过程有两步：

$$2Pb+4HAc+O_2 \rightarrow 2Pb(Ac)_2+2H_2O$$

$$3Pb(Ac)_2+CO_2+5H_2O \rightarrow 2Pb(OH)_2 \cdot PbCO_3+6HAc$$

铅霜（$Pb(Ac)_2$）也称为醋酸铅，是一味重要的药品，属于铅的无机化合物。这味药最早见于北宋初年的医药书籍《日华子诸家本草》，用来消痰止渴。此外，医药里还时常提到铅的另一种无机化合物铅丹。这指红色的铅的氧化物，主要成分是四氧化三铅（Pb_3O_4）。在铅的氧化物中，最重要的就是氧化铅（PbO），也就是医药里常说的密陀僧。它又有两种同素异形体，一种是正方晶系的红密陀僧，另一种是斜方晶形的黄密陀僧。当密陀僧熔化后，骤冷时呈黄色，自然缓慢冷却时呈红色。南朝梁时的名医陶弘景辑《名医别录》记载了密陀僧，可以治痢和痔等病症。宋朝名医苏颂《图经本草》中记载密陀僧的内容更加详细，但是一直都还没有认识到它与铅的关系。直到明朝李时珍《本草纲目》，才清晰地认识铅丹与密陀僧的关系。

铅的无机化合物，除了铅的氧化物和盐类之外，还有铅的硫化物和卤化物。宋朝《政和圣济总录》记载的“石亭脂（硫磺）方”和《太平惠民和剂局方》记载的“伏火二气丹”“养正丹”“黑锡丹”等制作过程中，都包含有硫化铅的合成。

古代服食丹药中毒，其中含有大量的铅。服用含大量铅成分的丹药，使得铅在人身体里形成磷酸铅沉积在骨骼里，当身体缺钙或者食用酸碱性食物或药物时，改变了身体的血液酸碱度平衡，这时骨骼里的铅就会变成可溶性磷酸氢铅进入血液，引起内源性铅中毒。当然古代的丹药中毒，除了丹药中含铅外，也往往还会含有其他有毒性的药物成分，服药后致使多种药物中毒。

2. 汞化学

汞，也称水银，古代以来广泛应用于医药领域。汉朝医药帛书《五十二病方》中有 5 个用汞的药方，即“阑（烂）者方”有 1 个药方；治痂有 2 个药方；治痈肿 1 个药方用水银（汞）合药；乾骚（瘙）方有 1 个药方用雄黄、水银（汞）、头脂合成。可见，汉朝医药对汞化学的认识和利用已非常深入了。接下来，我们从汞齐、汞的氧化物、汞的氯化物、汞的硫化物 4 个方面了解汞化学方面的知识。

汞可与金、银、铅、锡等纯金属合成金属汞齐。四川绵阳的双包山 2 号汉墓，是汉武帝元狩五年（公元前 118）的墓葬。20 世纪 90 年代，这座墓葬出土了一块银白色膏状金属。后来，据考古专家何志国、孙淑云、梁宏刚等运用科技考古的方法，进行了检测分析，结果发现它是金汞齐和液态汞的混合物。这种金汞齐和汞在汉武帝前后，因盛行方仙炼丹而普遍存在。南朝梁时陶弘景在《本草经集注》讲道：“（水银）能消化金银，使成泥，人以镀物是也。还复为丹，事出《仙经》，酒和日曝，服之长生，烧时飞着釜上灰，名汞粉，俗呼为水银灰。”这里说到水银可溶化金、银，合成汞齐，而且这种合金还能镀金镀银。

李时珍《本草纲目》中辑录了唐朝苏恭注释《唐本草》“银膏”

的内容，其中说道："其法用白锡和银箔及水银合成之，凝硬如银，合炼有法。"这种合炼后所得到的银膏，以作"补牙齿缺落"。这是最早用水银、白锡、银箔合成汞齐制作"银膏"用来补牙的文献记载了。此外，宋朝《诸家神品丹法》记有《化庚粉法》，其中讲到利用汞、盐、金、雌黄、雄黄、铅等合成金汞齐，制成紫磨金。李时珍《本草纲目》引用《丹房镜源》时说"砒霜化铜、干汞"。这里所谓的"干汞"，是指用砒霜将汞制成汞齐。根据独孤滔《丹方鉴源》的记载，有砒黄、石中黄、紫矾、白矾、雪矾、握雪礜石、金星礜石、银星礜石、桃花礜石、砒霜、青盐、缩水硝、云母、禹余粮等矿物原料都可以"干汞"。除了这些物质外，《本草纲目》中还记载了铅、矾、石硫磺、五色余粮、雌黄、戎盐等也都可以"干汞"。

氧化汞呈红色。陶弘景在《本草经集注》讲道："（水银）还复为丹……烧时飞着釜上灰，名汞粉，俗呼为水银灰。"这种汞粉，就是红色的氧化汞（HgO）。明万历年间，陈实功撰《外科正宗》记载了用水银（Hg）、焰硝（K_2NO_3）、绿矾（$Al_2(SO_4)_3$）三种药物合成氧化汞的方法。由于这是用三种原料合成的，所以也称其为"三仙丹"。

汞的氯化物有两种，即本草学中的粉霜（又名升汞，$HgCl_2$）和轻粉（又名甘汞，Hg_2Cl_2）。两者都是白色结晶，均由丹砂、水银、盐和矾等升炼合成。粉霜有剧毒，易溶于水，301℃升华；轻粉难溶于水，无毒，383.2℃升华。古时常混淆两者。粉霜有多个异名，比如水银霜、霜雪、白灵砂等；轻粉也称水银粉、汞粉、银粉等。在本草中，不同药物有相同的异名，不足为奇。因此，还得依据文献的上下文来判别，不能见到古文献提到汞粉就认为是指轻粉。粉霜和轻粉不易分别，直到宋朝《灵砂大丹秘诀》才能辨别两者。

汞的硫化物有天然的朱砂和人工合成的银朱、灵砂，主要成分均是硫化汞（HgS）。丹砂（HgS），又名朱砂、辰砂、宜砂，微量服用可安神助眠。《神农本草经》记载朱砂"能化为汞。作末，名真朱，光色如云母，可析者良"。丹砂（HgS）加热能化成汞（水银）。同卷水银条，说道："（水银）杀金、银、铜、锡毒，熔化还复为丹，久服神仙不死。一名汞。生符陵平土，出于丹砂。"明清以前，广西除桂林之外都是瘴气颇甚的地区。当地人得了瘴疠，而病情加重时，服用一般的草药，均难见成效。此时，服用丹砂，确是有独特的药效。南宋周去非《岭外代答》中说："（治瘴疠）其药用青蒿、石膏及草药，服之而不愈者，是其人禀弱而病深也。急以附子、丹砂救之，往往多愈。夫南方盛热，而服丹砂，非以热益热也。盖阳气不固，假热药以收拾之尔。"广西宜州自唐朝盛产丹砂，如今在南丹一带地方民众仍普遍以丹砂为药，令夜哭或尿床的小孩得以正常入眠。其科学性还有待进一步研究论证。

氧化汞（HgO）也呈红色，古人时常混淆两者。银朱，又名猩红、紫粉霜，毒性比较大，在医药中只可外用，不宜内服。李时珍《本草纲目》引用"胡演丹药秘诀"记载用石亭脂（即石流赤，所含的硫磺不纯）和水银烧结而得。灵砂是用水银和硫磺合炼而成，是呈鲜红色的针状结晶块或粉末，有光泽。灵砂加热后会变色，燃烧时呈现蓝色火焰，并挥发成气态，其医药功用与朱砂相同。

明矾石

3. 矾化学

古代医药中的矾类矿物药都是一些可溶性的硫酸盐，主要有明矾（白矾，$KAl(SO_4)_2 \cdot 12H_2O$）、绿矾（$FeSO_4 \cdot 7H_2O$）、黄矾（$KFe_3(SO_4)_2(OH)_6$）、石胆（又称胆矾，$CuSO_4 \cdot 5H_2O$）。《神农本草经》说石胆能够"炼饵服之，不老；久服增寿神仙"，而且"能化铁为铜成金银"。唐朝初年苏敬编撰《新修本草》时讲道："矾石有五种，青矾、白矾、黄矾、黑矾、绛矾。"这种分类方法虽欠科学合理，但也反映了当时人们对矾化学的一些认识。

明矾（$KAl(SO_4)_2 \cdot 12H_2O$）是一种无色透明的结晶，也称为白矾、雪矾、云母矾。当白矾加热，会失水变成片状的矾精（也称矾蝴蝶、柳絮矾，$KAl(SO_4)_2 \cdot 9H_2O$）；继续升温可以完全脱水，然后得到白粉状的枯矾（$KAl(SO_4)_2$）。《神农本草经》讲到白矾可以治疗痢疮和目痛。《千金翼方》还讲道："矾石，久服伤人骨，能使铁为铜，一名羽涅，一名羽泽。”在医药里，白矾还有羽泽、黄石、白君、黄老等异名。宋朝苏颂《图经本草》还记载白矾不仅可作药，也可作煤染剂。

绿矾（$FeSO_4 \cdot 7H_2O$）是一种浅绿色透明的结晶，也称青矾、皂矾（用作染黑的染料）。唐朝苏敬《新修本草》讲道：“绛矾本来绿色，新出窟未见风者，正如琉璃（翠绿色），……烧之赤色，故名绛矾矣。”绿矾焙烧脱水后，会被空气氧化生成红色的（$Fe(OH)_3$），完全脱水后可得到绿色粉末状的绛矾（Fe_2O_3）。其实，绛矾已不是硫酸盐类的矾了。《本草纲目》辑录了宋朝掌禹锡《嘉祐补注本草》收录的“水银粉法”，其中运用白矾、皂矾、盐和水银升炼甘汞（Hg_2Cl_2）。这成为后世医药领域炼制轻粉的重要标准，一直沿用至今。

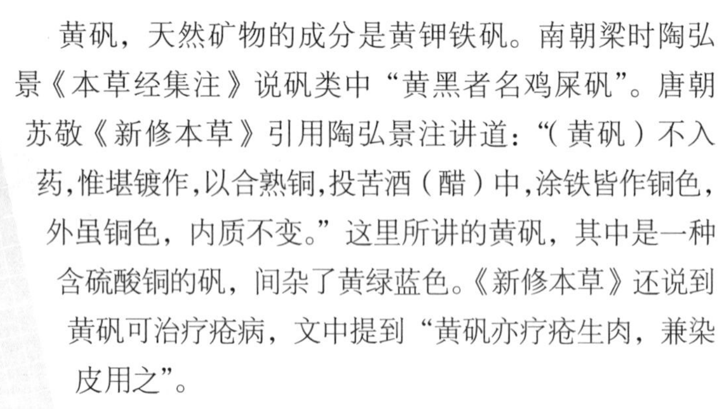

黄矾，天然矿物的成分是黄钾铁矾。南朝梁时陶弘景《本草经集注》说矾类中“黄黑者名鸡屎矾”。唐朝苏敬《新修本草》引用陶弘景注讲道：“（黄矾）不入药，惟堪镀作，以合熟铜，投苦酒（醋）中，涂铁皆作铜色，外虽铜色，内质不变。”这里所讲的黄矾，其中是一种含硫酸铜的矾，间杂了黄绿蓝色。《新修本草》还说到黄矾可治疗疮病，文中提到“黄矾亦疗疮生肉，兼染皮用之”。

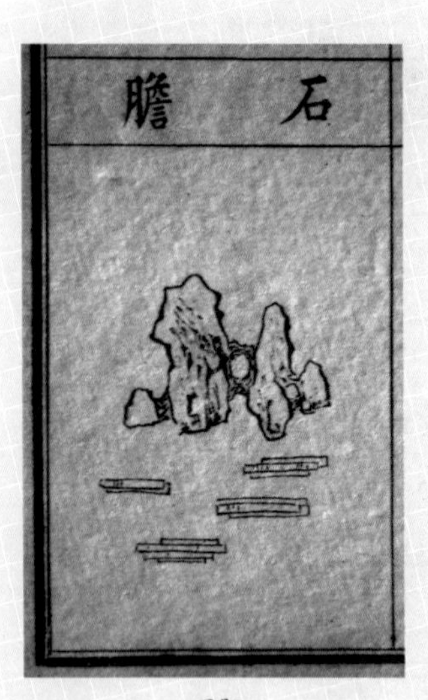

石胆

石胆（又称胆矾，$CuSO_4 \cdot 5H_2O$），蓝色结晶，味极酸苦，因此李时珍说“石胆以色味命名”。《神农本草经》称石胆为毕石，三国魏人医药家吴普又称石胆为黑石、铜勒。《神农本草经》讲到石胆“能化铁为铜成金银”。《图经本草》记载了硝石炼胆法，文中说道：“（石胆）出上饶曲江铜坑间者，粒细有廉棱，如钗股、米粒。……但取粗恶石胆合硝石销溜而成。……亦有挟石者，乃削取石胆床，溜造时投消汁中，及凝，则相着也。”消石在熔炼中，可将辉铜矿转化为硫酸铜（$CuSO_4$）。将熔炼后的混合物溶于水，硫酸铜在冷却过程中就会结晶析出胆矾（$CuSO_4 \cdot 5H_2O$）。

4. 砷化学

20 世纪初，中国化学会李景镐等人厘定化学名词时，才开始使用砷（As）这个化学专有名词。中国古代医药很早就利用含砷的矿物药，例如雄黄（As_2S_3）、雌黄（FeAsS）、礜石（FeAsS）、砒石（As_2O_3）、太乙神精丹、砒矾散、苍石、雄胆、雉窠黄、土黄等。西周时期，已将雌黄用作织物绘画颜料。战国时期已广泛使用雄黄和礜石作药，如《周礼 · 天官 · 冢宰篇》说道“凡疗疡以五毒攻之”，雄黄和礜石就是五毒中的药物。长沙马王堆汉墓出土的医药帛书《五十二病方》记载了矿物药冶礜石、燔雄黄。这两种矿物药燔烧升华可得到砒霜，用于治疗狂犬伤人。《神农本草经》记载含砷的矿物药有雄黄、雌黄、礜石。孙思邈在《千金要方》卷十二记载了“太一神清丹”，这是用丹砂、曾青（硫酸铜）、雌黄、雄黄、慈石、金牙 6 味药，经升炼而得“虽无五色，但光明皎洁如雪”的砒霜（氧化砷），用来治疗疟疾。

雄黄

礜石

雄黄（As_2S_3）和雌黄（FeAsS）是同生矿。这两种矿物药都是医药和炼丹常用的药物。雄黄也称为黄金石、石黄、熏黄、太乙旬首中石、黄妈、天柔石、朱雀筋等。《五十二病方》在治疥癣的药方中有三个处方用到了雄黄。《神农本草经》收录雄黄、雌黄，列入中品药物，用于治疗多种皮肤病。直到现在，雄黄和雌黄仍是治疗皮肤病的重要药物。《证类本草》引用《宝藏论》时讲到用雄黄、雌黄、砒霜等点化金银，并说假金有 15 种，其中就有雄黄金、雌黄金，还讲到假银有 12 种，其中有雄黄银、雌黄银、砒霜银。其实，这些假金银是铜砷合金和银砷合金。

礜石（FeAsS）是银白色或灰色的砷黄铁矿，久露空气中会变成深灰色，又称毒砂，可作毒鼠药。矿物药礜石有多种颜色，因此它也称特生礜石（苍礜石）、太白石、青分石、白礜石等。李时珍《本草纲目》在特生礜石条目下讲到礜石除了白礜石、苍礜石之外，还有紫礜石、红皮礜石、桃花礜石、金星礜石、银星礜石 5 种礜石。唐朝《新修本草》还记载有握雪礜石。汉墓出土的医药帛书《五十二病方》讲到 4 种药方用礜石治疗疥癣、疮疡和狂犬病。

砒石（As_2O_3），是合炼砒霜的重要药物。明朝末年陈司成《霉疮秘录》主张用含砷的驱梅剂"生生乳"治疗梅毒。"生生乳"是用砒石、朱砂（HgS）、食盐，以及氧化剂硝石（这是一味强氧化剂，KNO_3）、绿矾（$FeSO_4 \cdot 7H_2O$）等合炼得到砒霜和白降丹（$HgCl_2$）的混合物。其实，这味混合药物的主要成分是砒霜。《本草纲目》记载砒石或砒霜还可以干汞，也就是把汞制成砷汞齐，即砷化汞（Hg_3As_2）、砷化亚汞（Hg_3As）。虽然砷很难溶解于汞，但经过繁杂的工序，当时也确实是制成了。《本草纲目》还讲到"硇、砒能硬锡"，这说明砒石和锡合炼可以得到硬度更大的锡砷合金。不过，这算是冶金方面的内容了。

5. 钙化学

含钙的矿物药原料在医药、炼丹、食品加工等领域广泛应用。主要药物有玉屑（含正硅酸钙、正硅酸镁铝，混入不同的化合物，其颜色各异，如混入氧化铁则呈红色，混入氢氧化铁则呈黄色，混入锰和炭则呈黑色）、石膏、紫石英（含氟化钙、为卤化物矿中的萤石）、秋石、理石（含有硫酸钙 $CaSO_4$，杂三氧化二铝 Al_2O_3）、斜长石（含硅酸铝钙钠 $NaCaAl(SiO_3)_3$）、太阴玄精（钙芒硝 $CaNa_2(SO_4)_2$）、人中白（含尿酸、磷酸钙）、砺石（又称磨石，含二氧化硅 SiO_2 和少量的 $CaSO_4$）、黄土（含硅酸铝钙 $Al_2(SiO_3)_3 \cdot Ca_2SiO_3$ 及氢氧化铁 $Fe(OH)_3$）、甘土（含水化硅酸铝钙）等。此外，大多数碳酸盐都含碳酸钙，比如石脑（属钟乳石类，含碳酸钙，杂有铁、镁、锰等化合物）、石钟乳、石床、孔公孽、殷孽、土殷孽、炉甘石、石蛇、石蟹、石蚕、石燕、珍珠、石决明、瓦楞子、珊瑚、青琅玕、白垩、花蕊石、桃花石、方解石、龙

石膏结晶

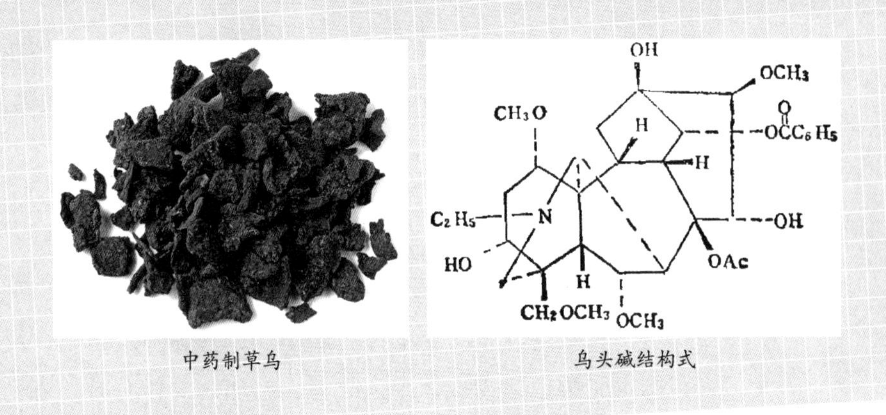

中药制草乌　　乌头碱结构式

骨和龙齿（含有碳酸钙和磷酸钙）、冬灰（含钙、钾、镁等的碳酸盐，杂有少量硅酸盐和磷酸盐）。以下仅择石膏、秋石作简要介绍。

石膏，含有结晶水的硫酸钙（$CaSO_4 \cdot 2H_2O$），加热后脱水名煅石膏，在食用豆腐的制造中要使用这味药品；秋石，含石膏（$CaSO_4$）。

6. 麻醉药

《神农本草经》在总结先秦时期医药经验时说道："莨菪子，多食令人狂走。久服轻身，走及奔马，强志、益力、通神。"莨菪子有致幻作用，这是比较早关于麻醉药物的记载。战国时期《列子》还记载了鲁公扈和赵齐婴求医扁鹊治病，扁鹊令二人饮"毒酒"后，剖胃探心，"投以神药，既悟如初，二人辞归"。其中的毒酒就是当时的麻醉药酒。可见中国的麻醉药与酒有一定的历史渊源。其实，人在醉酒之后，会失去知觉，在酒醒之前人的身体都会暂时失去知觉。药酒的功效也就更是如此了。《五十二病方》中用毒堇（乌头）泡得药酒，人在食用乌头酒之后，便会感觉不到疼痛。因为乌头有止痛的功效，泡酒之后，药效更甚。《普济方》的"草乌散"中含曼陀罗花和乌头等药物；《华佗神医秘传》中有"华佗蟾酥散神方"讲到的配方有川乌，将其与其他药物原料泡陈年老酒服用，这两种都是麻醉药。

此外，《本草纲目》记载的"接骨散"也是一种止痛、麻醉的药品，它的配方主要成分就是茉莉花根。明朝医药家王肯堂的"整骨麻药方"

“睡圣散”,用到的药物原料是草乌、山茄花（也称洋金花、曼陀罗花）、火麻花等,作镇痛麻醉药。在中国的麻醉药发展史中,草本药物乌头、洋金花、闹羊花、茉莉花根等，都是起麻醉作用的药物。

7. 驱虫灭菌剂

古代医药典籍记载用植物药驱杀蛔虫。《金匮要略》记载:“问曰:病腹痛有虫，其脉何以别之？师曰：腹中痛，其脉当沉若弦，反洪大，故有蛔虫。蛔虫之为病，令人吐涎、心痛，发作有时，毒药不止,甘草粉蜜汤主之。……蛔厥者,其人当吐蛔,今病者静而复时烦,此为藏寒。蛔上入膈，故烦，须臾复止。得食而呕，又烦者，蛔闻食臭出，其人当自吐蛔。蛔厥者，乌梅丸主之。”文中讲到用甘草粉蜜汤诱杀蛔虫，用乌梅丸杀虫，两种医方都是主治蛔厥。

葛洪在《肘后备急方》中提到将青蒿绞成汁服用,可以治疗疟疾。青蒿也是可以驱蚊。现在的民间仍烧青蒿草驱蚊，这种做法确实是科学的。中医研究院屠呦呦教授因从葛氏著作中得到研究青蒿素的灵感，其毕生致力于青蒿素的研究，为人类的抗疟医疗事业做出了巨大贡献。因此，屠呦呦在2015年被授予诺贝尔生理学奖。

此外，古人时常还用到白芎、檀香、麝香、樟木等草本药物作驱虫剂。《周礼 · 秋官》说道：“翦氏掌除蠹物，以攻禜攻之，以莽草熏之。”“庶氏掌除毒蛊，以攻说禬之，以嘉草攻之，凡殴（驱）蛊则令之比之。”“蝈氏掌去蛙黾，焚牡菊，以灰洒之则死。”这里讲到用嘉草（现名襄荷）、莽草（今名毒八角）、牡菊（野菊之一种）作杀虫消毒的熏蒸药物，通过烟熏草药发出的香气，给空气消毒，防治害虫,驱赶蚊虫。《左传 · 僖公四年》记载:“一薰一莸，十年尚犹有臭。”薰，即香草。古代的薰草主要指茅香。陶弘景注《名医别录》说道：“状如茅而香者为薰草，人家颇种之。”长沙马王堆汉墓1号墓出

中药青蒿

土的一件陶薰炉里装满了茅香，同时还出土了另一件除薰炉盛有辛夷、茅香等草药。此外，还用动物药蜃灰、蚕粪、鱼腥水等，矿物药食盐、硫磺、石灰、砒霜等作驱虫灭菌。众多做法一直沿用至今。

农业与化学

农耕经济是中国古代文明的主要特征之一。在辉煌灿烂的农耕文明中，产生和传播了众多直接服务于农业生产生活的化学智慧。这些源于生产劳动的经验总结，成为我们继承和发展的重要文化成果。

1. 传统农药

古代较早就已懂得使用植物、矿物、动物三类药物防病、杀虫灭菌、灭鼠。这三类农用药物的来源非常广泛，种类繁多。中国古代遗留下来众多农书和医药典籍，其中保存了这些药物在农业生产生活中的用途和药效。

防杀虫的植物药主要有黎芦、嘉草、莽草、牡菊、附子、干艾、鱼藤等。此外，烟草、除虫菊、鱼藤等。中国古代很早就已用草木灰防治害虫，这也是植物药的一种。《周礼》记载了嘉草、莽草、牡菊熏烟驱虫。《神农本草经》记载用芫花杀虫，还讲道“干艾能保藏麦种”“松毛杀米虫”。《农桑辑要》也记载了用芫花杀虫：“木有蠹虫，以芫花纳孔中，或纳百部叶，虫立死。”《齐民要术·大小麦》说到用艾蒿的茎

防杀虫的植物药——莽草

矿物肥料——硫磺

秆编成筐或篓盛放麦子，或将艾蒿塞住贮藏麦子的窖口，可以防虫驱虫。《本草纲目》还介绍了百部、藜芦等，都可作为防虫除虫的农用植物药。

矿物药主要有砒霜、雄黄、硫磺等，这些含硫和砷的矿物都是古代农用药物的重要来源。《山海经》最早记载使用礜石毒鼠。礜石是一味含砷的矿物药，它也用于制作砒霜。古代也采用砒霜作灭鼠药。《名医别录》提到“矾石杀百虫”。北宋欧阳修《洛阳牡丹记》讲到硫磺治花虫。《王祯农书》记载用石灰杀虫，文中说道：“凡菜有虫，捣苦参根并石灰水泼之即死。”王祯还说道：“又有去蠹之法……用硫黄及雄黄作烟熏之，即死”。《农政全书》也说道：“凡治树中蠹虫，以硫磺研极细末，和河泥少许令稠，遍塞蠹孔中，其孔多而细，即遍涂其枝干，虫即尽死矣。”如今，在传统农业的耕作中仍使用价格低廉的硫磺和石灰作为杀虫剂。《天工开物》记载用亚砷酸酐拌种治杀地下害虫和害鼠，这味农药一直沿用到新中国成立初期。此外，还有使用烟草、除虫菊等植物药的杀虫传统。

动物药有蜃灰、蚕矢、鱼腥水等。《诗经》记载洒蜃灰除虫灭鼠。《氾胜之书》说道：“薄田不能粪者，以原蚕矢杂禾种之，则禾不虫。”这是用蚕矢作杀虫剂。书中还提到用马骨煮汁，合有毒的附子（即毛茛植物“乌头”）作杀虫剂，文中说：“取马骨，剉，一石以水三石煮之，三沸，漉去渣，以汁渍附子五枚……则禾稼不蝗、虫。”明朝《徐光启手迹 · 农政全书手札》记载了一种动植矿物原料混用的杀虫剂。它们的主要成分是人、畜、禽的粪便，麻豆饼及黑豆，动物尸体及内脏、毛血等，再加黑矾、砒石和硫磺。其实，这种杀虫剂主要是因为加入了砒石和硫磺，所以才具有杀虫的功效。

古代农药先用植物药，随后增加矿物药，至明朝又增加动物药，并且多种药物共用作农药。中国古代人们在生产实践中不断总结经验，探索和认识科学事物，取得了众多优秀的文化成果。不论是植物、矿物和动物药，作为古代农药，那只是防治害虫和保障农作物生长的众多方法之一。此外，还采用农业防治、生物防治等方法。比如《南方草木状》记载在橘子树上放养一种黄蚁，用来防止害虫侵食果实。

古人已利用蚁鸟和青蛙防止害虫，并在稻田里养蚜治蝗虫等。

19世纪中叶，随着工业革命的传播和完成，三大杀虫植物除虫菊、鱼藤和烟草作为全球性的商品在世界各地倾销。随之出现了砷酸钙、砷酸铅和硫酸烟碱的工业化生产，这标志着化学工业意义上的农药诞生，才开始有农药商品这么一个经济概念。

2. 肥料化学

古代农用肥料的制作和施用过程，包括了丰富的生物和化学知识。王祯《农书 · 粪壤篇》比较系统地讲述了肥料和施肥。古代肥料可分为有机肥和无机肥。动物性有机肥有蚕屎，人、家畜禽粪便，还有动物体及其骨头、皮毛、内脏等；植物性有机肥有绿肥、糠壳、秸秆、草等。无机肥有硫磺、钟乳粉、石灰、铁、砒、草木灰、陈墙土等，以及其他的混合肥料。

有机肥分为植物性有机肥和动物性有机肥。植物性有机肥的原料是各种杂草、农作物的杆茎叶等，它的来源非常广泛。先秦典籍《诗经》记载春秋战国时期已利用锄草腐烂，促进庄稼生长。《礼记 · 月令》说道："烧薙行水，利以杀草，如以热汤可以粪田畴，可以美土疆。"这是利用杂草沤粪肥田。汉朝《氾胜之书 · 耕田》讲到早春耕地之后"辄平摩其块以生草，草生复耕之"，这是及时压青使杂草成为绿肥，从而起到"草秽烂皆成良田"的肥田效果。宋朝《陈旉农书》说道："凡扫除之土，培烧之灰，簸扬之糠秕，断篙落叶，积而焚之，沃以粪汁，积之既久，不觉其多。"糠秕、断篙、落叶等焚烧之后，可以获得熏土肥。北魏贾思勰《齐民要术》提到人工种植绿豆、小豆、胡麻等豆科制绿肥，并利用坏墙垣和人工积厩肥。《王祯农书》也提到这种有机肥的制作过程，文中说："积土同草堆叠烧之，土热冷定，用碌碡碾细用之。江南水地冷多，故用火粪，种麦种蔬尤佳。"这种熏土肥，其实就是植物性有机肥。至今，这些有机肥仍继续在农业生产中发挥重要作用。

动物性有机肥主要是粪肥。《周礼 · 地官》记载："掌土化之法，以物地，相其宜而为之种。"这里说的是针对不同的土壤，选用不同的动物骨汁浸种或施用不同的动物粪肥。贾思勰也提到在种植石榴时用动物骨头作肥料。汉朝《氾胜之书 · 种麻子》讲道“溷中熟粪”，这是指腐熟的人畜粪便，此为动物性有机肥。《王祯农书》说道：“大粪力壮，南方治田之家，常于田头置砖槛窖，熟而后用之，其田甚美。北方农家亦宜效此，利可十倍。”当时称人粪为大粪，也是耕种施用的大肥。此外，古代农书在讲到肥料时，还常提到施用蚕矢和蚕沙。蚕矢，也称蚕屎或蚕粪。蚕沙指蚕矢和蚕吃剩下的桑叶的筋、柄、茎混合物。王祯在《农书》中还讲到以禽兽毛羽亲肌作为肥料，它比草木制成的绿肥都更具肥效。王祯还说到以马蹄羊角灰作为肥料。可见，古代动物性有机肥的来源也是非常广泛。

无机肥料主要指矿物肥料。古代人们在农业耕作中已认识到硫、铁、钙等矿物元素是植物生长的必需物质，于是想方设法用来让作物正常生长、开花、结果，并防治病虫害。北宋大文豪苏轼提到种茄子时用硫磺作为肥料，可以保障茄子多结果，味道更甘美。苏轼《格物粗谈》讲道：“茄秧根上掰开，嵌硫磺一皂子大，以泥培种，结子倍多，味甘。”北宋《分门琐碎录 · 农艺门》记载：“种水芭蕉法：取大芭蕉根，平切作两片，先用粪，硫磺酵土十分细，却以芭蕉所切处向下覆以细土，当年便于根上生小芭蕉。”又“以硫磺调水泼之（地上），撒芥子其上，经宿已生一两小叶矣。”宋元之际成书的《种艺必用》提到在种茄子、芥子、竹子等作物时，用硫磺作为肥料。《种艺必用》记载：“初见（茄子）根处劈开，掐硫磺一匕大，以泥培之，结子大如盏，味甘而宜人。”《种艺必用》还记载种芥子菜时“治园可令土极细，以硫磺调水波之，撒芥子于其上，经宿以生一两叶矣。”种竹子时“择大竹，就根上去三四寸许截断之，去其上不用，只以竹根截处打通节，实以硫磺末，颠倒种之地。”明朝末年成书的《养余月令》记载菊花盛行时“间有不足者，磨硫磺水浇根，经夜即发”。清朝初期，陈淏子著园艺名作《花镜》，其中提到“冬至日，以钟乳粉和硫磺少许，置根下有益。”“凡花欲擢其早放，以硫磺水灌其根，便隔宿即开。”硫是胱氨酸、半胱氨酸、蛋氨酸这三种氨基酸的成分，这三者又是构成蛋白质和酶的重要成分。此外，硫还直接参与含硫维生素的代谢作用。因此，作物要生根发芽、正常成长和开花结果，硫也就必不可少。

古代将石灰、钟乳粉作为肥料，不仅可以杀死土地中的害虫，而且还可以给作物补充钙元素。宋朝《陈旉农书》讲到以石灰作为肥料，“将欲播种，洒石灰渥漉泥中”。北宋苏轼《格物粗谈》讲道：“牡丹得钟乳而茂。”元朝《王祯农书》记载：“下田水冷，亦有石灰为粪”。《种艺必用》还记载用钟乳石作肥料，“凿果树，纳少钟乳粉，则子多且美。又，树老，以钟乳末和泥，于根上揭去皮抹之，树复茂”。明朝末年徐光启在《徐光启手迹 · 农政全书手札》中提到：“江西人壅田，或用石灰，或用牛、猪等骨灰，皆以篮盛灰，插秧用秧根蘸讫插之。”果树在落花后一个月至一个半月时及时补钙，方可防止落果。另外，作物缺钙，其分生组织受害，细胞分裂也就会受到阻碍，作物不仅长不高，甚至会降低作物抵抗病虫害的能力，导致根茎溃烂败坏。因此，给作物补钙，促进作物开花结果，使老树复壮，确实符合科学认识。这些做法一直沿用至今。

元朝鲁明善撰写的月令类农书《农桑衣食撮要》将生铁作特种肥料。书中提到种植皂荚时，在不结荚的皂荚树中“凿一孔，入生铁三五片，用泥封之，便开花结子”。清朝陈淏子著园艺名作《花镜》，其中讲道：“平常不浇壅，惟以生铁屑和泥壅之自茂，且能生子，分种易活。”铁是作物形成叶绿素的必需物质之一，作物缺铁，叶片便会变成黄色。

服饰与化学

北京周口店的山顶洞人已懂得用红色的赤铁矿粉作为装饰品。距今约六七千年的新石器时代中期，我们祖先掌握了用赤铁矿粉将麻布染成红色的染色技艺。此后，以矿物作颜料和染料在服饰上彩绘的历史延续了数千年。古代服饰长期运用朱砂、铅粉、赤铁矿粉、石黄（雄黄、雌黄）、天然铜等矿物染料进行染色。1976 年，内蒙古出土西周时期的丝织物，上面的黄色花纹就是用矿物颜料雌黄粉描绘的。1972年，湖南长沙马王堆1号汉墓出土大批彩绘印花丝绸织品上的红色花纹，皆以朱砂绘成。另外还有一件用朱砂、铅粉、绢云母、炭黑等多种颜料彩绘而成的衣服。

传说黄帝依天地五运定服饰颜色，《帝王世纪》讲道："黄帝始去皮服，垂衣裳作黼黻，定服色，上玄衣以象天，下黄裳以象地，凡人君所尚服色，各依五运更之。"上古时期的玄衣、黄裳说明当时已有了印染技艺。古代常见的服色有青色、黄色、红色，以及三种染料相互配比，制出灰淡深浅不一的其他颜色。因此，除了这三种主要的染色之外，还可加入其他的染料，调配出更多的颜色。《周礼·天官》："染人染丝帛。"这说明我国在两千多年前就已设有专门管理从事丝帛染色生产的人了。东汉许慎《说文解字》中已记载有39种色彩的名称。此外，还收录了与色彩有关的汉字75个，其中有红、绿、紫、缁、缇、绛、缟、绯、缥、缃、绀、缬等，并且绝大部分的字都与服色密切相关。明朝《天工开物》记载了50多种色彩，到了清朝《雪宧绣谱》记录的色彩超过700种。

1. 染料

1）染料来源

古代服饰印染的原料大多取自植物。比如，青色取之于蓝靛，红色取之于红花、茜草、苏木等，黄色取之于黄檗、槐花、黄栀子，紫色取之于紫草的花、茎、根等。《齐民要术》记载有黄檗、地黄、棠叶、红蓝花、栀子花、落葵、蓼蓝、木蓝、紫草9种染料植物。其中，黄檗用作染纸，落葵用作紫粉。因此，《齐民要术》中记载的染料真正用来染织服色的是地黄、棠叶、红蓝花、栀子花、蓼蓝、木蓝、紫草7种。贾思勰书中卷五的3节篇幅，只是详细地记录了其中的地黄、红蓝花、蓼蓝、紫草4种染料植物种植、加工和收藏情况。

战国思想家荀子《劝学》中说的"青，取之于蓝，而青于蓝"源自古代的印染技术。它的意思为：青色（青靛色）是从蓝靛草中提炼而得的，但是它的颜色比蓝靛草更深。古代蓝色植物染料有蓼蓝、菘蓝、马蓝等蓝草。《夏小正》记载"五月，启灌蓼蓝"，说的是夏朝我国已种植蓼蓝，并且在五月时节要分株移栽蓝苗。《诗经》还记载了采摘蓝草的生产活动，文中说道“终朝采蓝，不盈一襜”。这种蓝草也就是蓼蓝。明末宋应星《天工开物》卷三“彰施”专设 “蓝淀”一节，讲到蓝草有茶蓝即菘蓝、蓼蓝、马蓝、吴蓝、苋蓝 5 种，皆可为蓝靛。“彰施”出自《尚书 · 益稷》，其中记载了舜帝对夏禹说的一句话：“以五采彰施于五色，作服，汝明。”它的意思是要禹用五种色彩染制成五种服装，以分别人的等级尊卑。

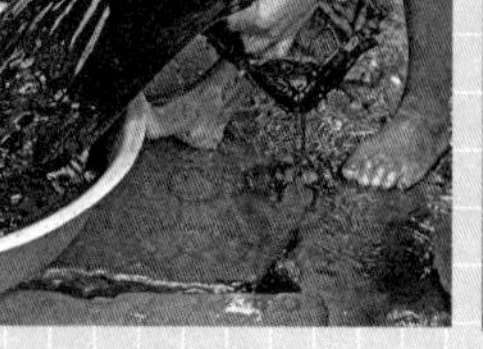

蓝靛染布

藏红花

《齐民要术》卷五记载了蓝草的种植技术。“蓝地欲得良，三遍细耕。三月中浸子，令芽生，乃畦种之。治畦下水，一同葵法。蓝三叶浇之，薅治令净。”种植蓝草的地要肥且好，精细地翻耕三遍。三月浸泡蓝草种子催芽，作畦播种。整畦浇水，跟种植葵花的方法相同。若蓝草的苗长出三片叶子，需要早晚浇一遍水，还得及时拔除畦里的杂草。

《齐民要术》卷五还详细记载了红花的种植技术。“花地欲得良熟。二月末三月初种也。种法欲雨后速下，或漫散种，或耧下，一如种麻法。亦有锄掊而掩种者，子科大而易料理。花出，欲日日乘凉摘取。摘必须尽。五月子熟，拔，曝令干，打取之。五月种晚花。七月中摘，深色鲜明，耐久不黦，胜春种者。负郭良田种一顷者，岁收绢三百匹。一顷收子二百斛，与麻子同价，既任车脂，亦堪为烛，即是直头成米。一顷花，日须百人摘，以一家手力，十不充一。但驾车地头，每旦当有小儿僮女百十为群，自来分摘，正须平量，中半分取。是以单夫只妇，亦得多种。”

古代染料也常将矿物和植物混用，以增强服饰的受染效果。比如，在制染木红色、大红官绿色等时，用到矿物染料明矾。在制染紫色、油绿色、茶褐色、藕褐色等要用到青矾。在染制黑色时用到铁砂、皂矾等。此外，染料除织染服饰，也广泛应用于造纸的印染，《齐民要术》卷三“杂说”中对此有比较详细的记载，在此不赘述。

2）染料加工

除了种植和采集染色原料，还需对原料进行深加工，以满足服饰的织染需要。以下就蓝、红、黄、绿、青、紫和其他染料的加工制作，作简要介绍。

（1）蓝色。《齐民要术》说到，到七月时，挖好一个能容纳一百把蓝草的制蓝的坑，开始着手加工蓝草。首先，将麦糠和泥涂在坑的四周和坑底，厚约16.67厘米。坑的四面和坑底都需用茅草遮住。将割下来的蓝草，叶子朝下倒竖于坑中。灌上水，用石头或木头压住蓝草，令其完全浸入水中，不要浮于水面。热天过一个晚上，冷天过两个晚上，便可将植物的残渣过滤出来。将剩下的汁，倒入瓦瓮中，瓮如能容下十石，加石灰一斗五升，照这个比率增减石灰，迅速搅和，一顿饭工夫后，便可停止。液汁澄清后，把上面的清水倒掉。另外再掘一个小坑，把瓮底的蓝色沉淀倒入坑里。等坑里的沉淀干到像浓粥一样时，再舀回瓮中，这就制成了蓝靛。种0.67公顷蓝草，抵得上种6.67公顷稻田。若能自己染青，那获利又可加倍。

（2）红色。《齐民要术》卷五说道：“杀花法，摘取即碓捣使熟，以水淘，布袋绞去黄汁；更捣，以粟饭浆清而醋者淘之，又以布袋绞去汁，即收取染红勿弃也。绞讫，著瓮器中，以布盖上，鸡鸣更捣令均，于席上摊而曝干，胜作饼。作饼者，不得干，令花浥郁也。”明朝宋应星《天工开物》卷三“彰施”专设一节“诸色质料”，记载了大红色、莲红、桃红色、银红、水红色、木红色6种红色系列的染料制作方法。宋应星在文中说道：“大红色（其质用红花饼一味，用乌梅水煎出，又用碱水澄数次。或稻稿灰代碱，功用亦同。澄得多次，色则鲜甚。染房讨便宜者，先染芦木打脚。凡红花最忌沉、麝，袍服与衣香共收，旬月之间，其色即毁。凡红花染帛之后，若欲退转，但浸湿所染帛，以碱水、稻灰水滴上数十点，其红一毫收转，仍还原质。

所收之水藏于绿豆粉内，放出染红，半滴不耗。染家以为秘诀，不以告人）。莲红、桃红色，银红、水红色（以上质亦红花饼一味，浅深分两加减而成。是四色皆非黄茧丝所可为，必用白丝方现）。木红色（用苏木煎水，入明矾、棓子）。”

（3）黄色。贾思勰记载槐花取黄的加工方法。《齐民要术》卷三“彰施”讲道：“凡槐树十余年后方生花实。花初试未开者曰槐蕊。绿衣所需，犹红花之成红也。取者张度与稠其下而承之。以水煮，一沸，漉干，捏成饼，入染家用。既放之，花色渐入黄。收用者以石灰少许晒拌而藏之。”《齐民要术》卷三“杂说第三十”还记载河东染御黄法：“碓捣地黄根，令熟，灰汁和之，搅令匀，搦取汁别器盛。更捣滓，使极熟，又以灰汁和之，如薄粥；泻入不渝釜中，煮生绢。数回转使匀，举看有盛水袋子，便是绢熟。抒出，着盆中，寻绎舒张。少时，捩出，净振去滓。晒极干。以别绢滤白淳汁，和热抒出，更就盆染之。急舒展令匀，汁冷捩出曝干则成矣。大率三升地黄，染得一匹御黄。柞柴、桑薪、蒿灰等物，皆得用之。”《天工开物》卷三“彰施”记载了三种黄系列的颜色：“赭黄色，制未详。鹅黄色，用黄檗煎水染，靛水盖上。金黄色，用芦木煎水染，复用麻稿灰淋碱水漂。”除了槐花籽、地黄、黄檗之外，黄色还可用黄栀子（亦名栀子）、黄栌、植物染料中提取。

（4）绿色。《天工开物》卷三“彰施”记载了绿系列的颜色：“大红官绿色（槐花煎水染，蓝淀盖，浅深皆用明矾）。豆绿色（黄檗水染，靛水盖。今用小叶苋蓝煎水盖者，名草豆绿，色甚鲜）。油绿色（槐花薄染，青矾盖）。”

（5）青色。《天工开物》卷三“彰施”讲道：“天青色（入靛缸浅染，苏木水盖）。葡萄青色（入靛缸深染，苏木水深盖）。蛋青色（黄檗水染，然后入靛缸）。翠蓝、天蓝（二色俱靛水，分深浅）。玄色（靛水染深青，芦木、杨梅皮等分煎水盖。又一法：将蓝芽叶水浸，

中药黄檗

然后下青矾、棓子同浸，令布帛易朽）。月白、草白二色（俱靛水微染。今法用苋蓝煎水，半生半熟染）。”此外，还提到了“染毛青布色法”。

（6）紫色可从紫草的花、茎、根中提取获得。郭璞注解《尔雅》“藐，茈草”时，说到茈草“可以染紫”。此外，《齐民要术》卷五还说道：“作紫粉法，用白米英粉三分，胡粉一分，和合均调。取落葵子熟蒸，生布绞汁，和粉，日曝令干。若色浅者，更蒸取汁，重染如前法。”《天工开物》卷三“彰施”也记载：“紫色，苏木为地，青矾尚之。”

（7）杂色。《天工开物》记载：“茶褐色用莲子壳煎水染，复用青矾水盖。象牙色（芦木煎水薄染，或用黄土）。藕褐色（苏木水薄染，入莲子壳，青矾水薄盖）。……染包头青色（此黑不出蓝靛，用栗壳或莲子壳煎煮一日，漉起，然后入铁砂、皂矾锅内，再煮一宵即成深黑色）。”

2. 染色

1）染色原理

历史时期以来，蓝色服饰备受大众欢迎。这是因为染料蓝靛不仅易得，且产量大，而且蓝色染织的衣服耐晒洗，不易褪色。蓝草叶中含有一种名为“蓝甙”的色素。蓝草浸泡时，“蓝甙”经水解可生成无色且有溶水性的3-羟基吲哚。布匹经蓝草液汁受染经日晒，可聚化成“蓝靛”。在红染制作过程中，因为红花中所含的色素遇酸就变红，用醋淘过的粟饭浆和乌梅水就是酸性的液汁。当在染帛需退红时，又适量滴入碱水、稻灰水这类碱性液体。这说明古人已能利用相关的化学原理为生产生活服务。黑色一般从五倍子、冬青叶、栗壳、莲子壳中提取。这些植物染料都含有单宁酸，可以盐铁化合物的青矾作媒染剂，得到黑色。单宁酸和青矾作用后，生成黑色的单宁酸铁附着在织物纤维上。这种黑色性质稳定，比悬浮抹黑的织物更经得住日晒和水洗。东汉时期，在染黑工艺中还出现用铁落替代青矾作染媒剂。白色可用绢云母涂染织物而得到，但更多的时候还是用碱水脱胶或漂白获得。白麻布就是用草木灰和石灰反复浸泡和水煮麻料，获得白色的麻后纺织而成。

2）印染方法

汉朝时期，纺织中的媒染、套染、浸染等染色技艺已非常完善。在染料史上，红、黄、蓝三原色是古代最早获得的染料。这三种染料经过媒染、套染、浸染可以获得绚丽多彩的颜色。以明矾作茜草的媒染剂可染出红色，多染几遍之后，颜色由浅变深，可以得到大红色。套染是织物以两种以上的染料套用进行染色加工。《尔雅 · 释器》说道："一染縓，再染赪，三染纁。"《考工记》还讲到七染。这说明周朝时已有了套染工艺。比如蓝色的织物，用黄色染料套染，可以得到绿色；用蓝色染料套染红色，可以染出绿色。用红色套染黄色，可以染出橙色。

涂料与化学

1. 漆

古代漆既作涂料，又作胶黏剂和颜料，甚至还作为药材。《后汉书》提到以漆作颜料，书中说道："延熹中，京都长者皆著木屐，妇女始嫁，至作漆画五采为系。"可见汉朝用漆绘画已非常普遍。《本草纲目》木部卷三十五记载了"漆"自南朝以来作为中药的地域分布、药材药性、治疗功效等。

涂料漆的历史非常久远。江苏吴江梅堰新石器遗址出土了两件漆绘的陶罐。后来，浙江余姚河姆渡新石器遗址还出土了一件外壁有朱红色漆料的木漆。经专家鉴定，这些涂料都是生漆，说明古人用漆代墨的历史非常久远。商周时期，以漆作涂料的木器、陶器、铜器已非常普遍。河北藁城台西村、河南安阳武官村、湖北蕲春毛家嘴等商周文化遗址都出土了大量的漆器。春秋时期，漆还成为贡品，《尚书 · 禹贡》说到兖州"桑土既蚕……厥贡漆丝，厥篚织文"。先秦时期，《诗经》《山海经》等典籍记载了丰富的漆树资源。战国时期，甚至还专门设置管理漆林的官员。《史记 · 老庄列传》就说道："庄子者蒙人也，名周，周尝为蒙漆园吏。"

漆作涂料，可分为天然漆、脱水精制漆、加油精制漆。众多考古出土的漆器，经科学分析后得知，先秦之前，使用的主要是天然漆。1953年，位于陕西省西安市长安区普渡村的西周贵族墓葬出土了涂有棕黑色漆的织物残片。这是目前所知，漆作为中国古代织物涂层的最早资料。汉朝的漆器主要分布在四川蜀郡和广汉郡，并且在那里设置了专门的官员监督管理。据《齐民要术》系统梳理了漆器的制作与保护方法。

商朝漆方豆

秦朝彩绘凤鱼纹漆盂

西汉至东汉中期的漆器铭文中，记载了漆器制作的管理部门、主管官吏的姓名和素工、髹工、上工、涂工、清工、画工、阳工、消工、供工、造工等，还有负责监督制造的护工率史、长、丞、掾、令史、佐、啬夫等工官。这说明汉朝时期漆器制作的组织已非常严密。西晋洗砚池1号墓出土了完整的漆器约19件，其中有碗、勺、奁、盘、盒等物件。这些漆器内朱外黑，种类丰富，造型朴素，质地优良，或是当时官营漆器手工厂非常普遍的一个缩影写照。

漆汁的制作工艺。古代采漆比较简单，只在漆树上凿穴置以竹筒，漆汁便流入竹筒内。漆液满后，再倒入桶中，继续采收。直到筒里无漆液流出，再另凿穴取汁。将生漆放在阳光下晒后，或加热去除水分，可以得到熟漆。五代朱遵度撰写《漆经》，总结了古代漆工的经验和心得。可惜，此书早已失传。明隆庆年间，黄大成撰写的《髹饰录》成为中国现存最早的漆工专著。

2. 颜料

1）朱砂

朱砂因朱红的颜色而备受古人倚重。中国古人类确切使用丹砂作为随葬品的历史，大致可上溯至仰韶文化时期。此后，中国出土的众多墓葬的棺底、骨架中，均发现当时已大量使用朱砂。山东滕州前掌大商朝晚期任氏薛国贵族墓葬的M4棺底就铺有一层厚约6厘米的朱砂，且朱砂间夹有大量海贝；M3棺底也铺撒了一层朱砂，外围还积有木炭。安阳后冈殷朝圆形葬坑，共有3层73具人骨架，其中上层和中层骨架中，多数附着有朱砂，从而骨架呈红色。山东长清仙人台遗址，有6座从西周末期延至春秋中晚期的邿国贵族墓，长达200多年。这些墓的葬俗比较一致，均在棺底铺撒有厚约2厘米的朱砂。司马迁《史记·秦始皇本纪》中说秦始皇陵墓中“以水银为百川江河大海，机相灌输，上具天文，下具地理”。据科学研究成果，从理论上推测，秦始皇陵墓内至少有16 255.2吨的水银，若以纯丹砂提取水银的比率86.26%计算，最少需要18 844.423吨丹砂矿。人们赋予朱砂有灵魂的蕴意，将之带入墓葬。这也从侧面说明了古人对这种颜料矿物的钟爱之情。

据考古遗址的发掘研究，用丹砂作为颜料，绘制陶罐的彩色花纹，丹砂的这种使用历史大致可以追溯到距今7000年前（甘肃秦安大地湾遗址）。中国的颜料史研究专家周国信在《中国的辰砂及其发展史》对丹砂的使用历史作了比较全面的梳理。结合周氏的文献梳理，检阅中国考古学界或科技考古专家的成果，可见，自大地湾遗址时代以来，大量出现以丹砂作颜料，在陶罐、岩壁、木器等材质上绘制丰富多彩的红色或彩色图案、花纹。当然，红色颜料除了朱砂之外，还大量使用赤铁矿。广西壮族自治区崇左市宁明花山壁画有2000多年的历史，是壮族先民创作的卓越艺术成果。宁明花山壁画的颜色为朱红色，主要颜料就是赤铁矿。

朱砂，在炼丹和中药里还有丹砂、汞砂、辰砂、宜砂等称呼。这是一种主要含硫化汞（HgS）的矿物，呈朱红色，是绘画、髹漆、中药里非常重要且名贵的原料。古人往往容易将朱砂、水银、银朱三者混同。《天工开物》便是犯了这个错误，其中说道：“凡朱砂、水银、银朱，原同一物，所以异名者，由精粗老嫩而分也。”其实，这三者是不同的物质，在化学反应和物质转化方面它们又有紧密的联系。东晋葛洪《抱朴子·金丹》讲到朱砂与水银的转化关系。“凡草木烧之即烬，而丹砂烧之成水银，

殷墟文物——带朱砂小陶簋

积变又还成丹砂。”水银是白色的液态汞（Hg），在空气中加热硫化汞可以得到。银朱，是将水银（汞）和硫磺升炼而得朱红色的硫化汞（HgS）。

此外，还有其他的矿物或矿物加工后的颜料，如胡粉、铅丹、铁丹、红土、赭石、大青、石青、曾青、回曾、空青、绀青、铜绿、石黄、藤黄、紫粉、紫泥等。宋应星在《天工开物》中详细记载了这些颜料的制作方法。它们广泛应用于髹漆、绘画、制瓷、作器、建筑等领域。

2）墨

《说文解字》解释“墨”字：“墨，书墨也，字黑从土。墨者，煤烟所成土之类也。”墨作为书写的材料，在文化发展和传承上具有显要的地位。中国以漆代墨的历史，可以追溯到石器时代漆器的产生。前一部分讲到江苏吴江梅堰新石器遗址出土的漆绘陶罐和浙江余姚河姆渡新石器遗址出土的木漆，已证实了这个论断。先秦典籍《国语》《庄子》也已提到了笔墨。汉朝以后随蔡伦改进造纸术，墨的使用和各类典籍关于墨的记载也都比较普遍。墨的发展大致经过了三个阶段：以漆代墨、石墨松烟并用、以油烟制墨。魏晋时期，开始用墨石于凹心砚中磨汁书写。魏晋以后，不再用石墨，而是以松烟制成墨丸。三国时魏国人韦仲将制墨法、贾思勰《齐民要术》和宋朝晁说之《晁氏墨经》记载的制墨法，都是用松烟制墨。陶弘景《本草经注》还讲到用乌贼的墨作墨汁。

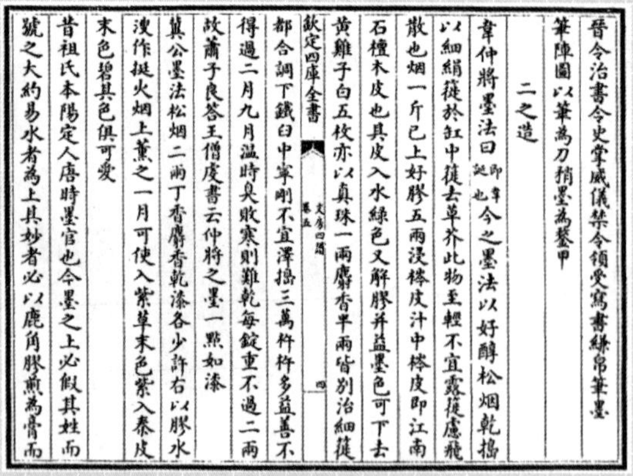
晉令治書令史掌威儀禁令領受寫書縑帛筆墨
筆陣圖以筆為刀矟墨為鍪甲
二之造
韋仲將墨法曰（韋即韋誕也）今之墨法以好醇松烟乾擣以細絹簁於缸中簁去草芥此物至輕不宜露簁慮飛散也烟一斤已上好膠五兩浸梣皮汁中梣皮即江南石檀木皮也其皮入水綠色又解膠并益墨色可下去黃雞子白五枚亦以真珠一兩麝香半兩皆別治細簁
欽定四庫全書 文房四譜 卷五 四
都合調下鐵臼中寧剛不宜澤擣三萬杵杵多益善不得過二月九月溫時臭敗寒則難乾每錠重不過二兩故蕭子良答王僧虔書云仲將之墨一點如漆
真公墨法松烟二兩丁香麝香乾漆各少許右以膠水溲作挺火烟上薰之一月可使入紫草末色紫入秦皮末色碧其色俱可愛
昔祖氏本陽定人唐時墨官也今墨之上必假其姓而號之大約易水者為上其妙者必以鹿角膠煎為膏而

《韦仲将制墨法》书影

“韦仲将制法”不仅较早使用药物制墨，而且其流传时间也非常长。宋朝苏易简《文房四谱》卷五引用“韦仲将制法”时说道：“今之墨法以好醇松烟干捣，以细绢簁于缸中，筛去草芥，此物至轻，不宜露簁，虑飞散也。烟一斤已上，好胶五两，浸梣皮汁中。梣皮即江南石檀木皮也。其皮入水绿色，又解胶，并益墨色；可下去黄鸡子白五枚，亦以真珠一两，麝香一两，皆别治细筵，都合调下铁臼中，宁刚不宜泽，捣三万杵，杵多益善。合墨不得过二月、九月，温时败臭，寒则难干。每锭重不过二两。”这个引文和《太平御览》卷六〇五、《齐民要术》卷九所引用的“韦仲将制法”，文句基本相同。韦仲将制墨法中的主要原料是松烟、胶，此外还加入了其他药物，比如梣木皮、鸡蛋白、真珠（实际上这里是指朱砂）、麝香等 4 味药物。据南朝梁时冀公《冀公墨法》加入药物有丁香、麝香、干漆。宋朝晁说之《晁氏墨经》记载，唐朝末年的制墨名家王君德，在制墨时也加入了一些药物，比如在墨中加入醋石榴皮、水犀角屑、胆矾 3 种药物，或者是加梣木皮、皂角、胆矾、马鞭草 4 种制成墨；南唐时李廷珪加入的药物有藤黄、犀角、朱砂、梣木皮、巴豆等 10 多种。加了药物的墨称作药墨。其中，在上好的松烟墨中加入麝香、冰片、朱砂等中药的药墨是可以作为中药止血消肿。其他的药墨则不能入药。

五代南唐易州人李廷珪（？—967）开始兼用油烟。唐朝以后，用油烟加脑麝香料制墨，元明以降尤其盛行。明朝沈继孙《墨法集要》将制墨分为浸油、水盆、油盏、烟椀、灯草、烧烟、筛烟、镕胶、用药、搜烟、蒸剂、杵捣、秤剂、锤炼、丸擀、样制、入灰、出灰、水池、研试、印脱 21 道工序，比《晁氏墨经》的 10 来道工序要多出不少。《墨法集要》在浸油工序中讲道：“古法惟用松烧烟，近代始用桐油、麻子油烧烟。衢人用皂青油烧烟，苏人用菜籽油、豆油烧烟。以上诸油，俱可烧烟制墨。但桐油得烟最多，为墨色黑而光，久则日黑一日；余油得烟皆少，为墨色淡而昏，久则日淡一日。”沈继孙在制墨实践中总结出每道工序的经验，不仅记载了制作过程全面深入，而且每道工序还配有插图，非常具体生动。

明朝《墨法集要》制墨的浸油图

制墨中添加药物，虽然可以赋予墨其他的特色和情趣，但添加的量和种类不同，往往会影响墨的书写和保存质量。沈继孙在制墨实践中总结道：“余初制墨时，诸方并试之，用药愈多而墨愈下。其后受教于三衢之墨师，乃并去药，惟胶烟细和熟捣之，墨成色黑而光。真所谓如小儿目睛者。”古代制墨的名家还提出麝香、鸡蛋清易引墨湿，石榴皮和藤黄会减黑墨色，朱砂、苏木、金箔、紫草都可助色等。这类经验认识对后来的制墨工艺和理论发展完善奠定了基础。

三星堆戴金面罩青铜平顶人头像

3. 胶黏剂

中国的胶黏剂起源早，应用广泛。从制胶原料来看，古代胶黏剂可分为植物胶、动物胶和矿物胶。古代将胶视为重要的军需物资，用于黏结物件和制作弓弩。此外，胶也广泛用于生活器具和艺术品的制作。《孙子兵法 · 作战》讲道：“则内外之费，宾客之用，胶漆之材，车甲之奉，日费千金，然后十万之师举矣。”汉朝司马迁《史记 · 廉颇蔺相如列传》说：“胶柱鼓瑟。”《汉书 · 晁错传》也说道：“欲立威者，始于折胶。”

人类早期已懂得运用生漆作胶。浙江余姚河姆渡新石器遗址出土的朱红色木漆，其涂料是生漆。这件木漆不仅是生漆髹饰的物件，其实当时的天然漆很可能是先用于黏结和加固物件，后来才用于制作漆器。四川广汉三星堆遗址 2 号坑出土的金面罩铜质平顶人头像，其中就用生漆和石灰作胶，将金面罩黏结在铜头像上。甘肃永昌鸳鸯池马厂新石器时代墓地出土刀和匕首等 18 件石骨复合工具，在这些工具的连接处有黑色的黏胶质。这种黏胶质经光谱分析，得知是多种金属元素的有机化合物，是一种天然生成的物质。湖北襄阳山湾东周墓 27 号楚墓棺木中也用到生漆作胶黏剂。颜师古注《汉书 · 西域传》“鄯善多胡桐”时，说道：虫子吃胡桐树而吐汁。这种汁俗称“胡桐泪”，其实就是胡桐树脂，可以黏结金银。此外，唐末五代谭峭《化书》讲道：“执胶竿捕黄雀。”北宋何薳在《春渚纪闻》中还说到用胶黐捕虎的民间故事。胶黐是用细叶冬青树皮制成的木胶。1973 年，湖南长沙马王堆汉墓出土的医用帛书《五十二病方》，有多处记载煮胶作药。

中国古代也广泛使用动物胶，这是经动物皮、骨、筋熬制而成，用作黏剂和弓弩。东汉许慎《说文解字 · 肉部》说道：“胶，昵也，作之以皮。从肉，翏声。”从胶字的形、声可以看出胶与动物的渊源。《诗经》说道：“既见君子，德音孔胶。”《礼记 · 月令》说：“季春之月，命工师令百工审五库之量，金铁、皮革筋、角齿、羽箭干、脂胶、丹漆，毋或不良。”这反映了先秦时期，胶在人们日常生活中已非常普遍。《考工记 · 弓人》记载了制胶工艺和胶的类别，并且能够鉴别胶的质量优劣，还说道：“凡相胶，欲朱色而昔。鹿胶青白，马胶赤白，牛胶火赤，鼠胶黑，鱼胶饵，犀胶黄。”先秦时期，胶已有鹿胶、马胶、牛胶、鼠胶、鱼胶、犀胶等种类。除了提炼动物皮、骨、筋的蛋白制胶之外，张勃（265—289）《吴录》还说到用昆虫的分泌物作胶，这种胶叫紫胶，也称为漆片。在黏补陶器和瓦件时常用的“漆皮泥”，就是以紫胶作主要原料，连同酒精、立德粉按 5 : 2 : 1 比例配制而成。现在有了环氧树脂，紫胶才比较少用。

古代矿物胶的历史也比较久远。中国最少在 5000 年前就已懂得用矿物胶作建筑用料，铺砌城墙。战国时期，诸侯国用糯米合石灰制成浆作胶黏剂修筑长城。东晋十六国时期，大夏国都城统万城，城墙的夯土也是用石英石、黏土和含碳酸钙的矿物混合夯成。

北魏贾思勰在《齐民要术》卷九专设一节“煮胶第九十”，记载制胶的时间、原料、制作过程和保存方法。关于制胶时间，书中说道：“煮胶要用二月、三月、九月、十月，余月则不成。热则不凝，无作饼。寒则冻瘃，令胶不黏。”宋朝《营造法式》卷二十八《诸作用胶料例》讲到瓦作、泥作、彩画作、砖作等方面用胶的配料和分量。据《说文解字》记载，镛是古代熬胶的重要器具，历代镛的形制有所差别，一直沿用至今。

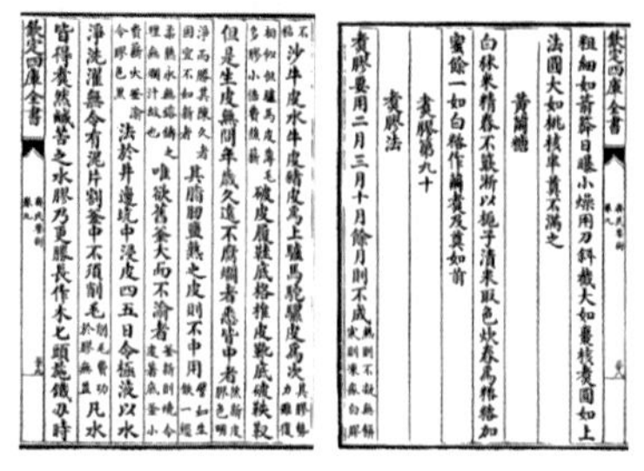
欽定四庫全書
粗細如箭簳日曝小燥用刀斜截大如棗核煮圓如上
法圓大如桃核半黄不滿之
黄[illegible]
白秫米精舂不簸淅以梔子漬米取色炊舂爲䊦餹加
蜜餘一如白䊦作餹煮及真如前
煮膠第九十
煮膠法
煮膠要用二月三月十月餘月則不成

欽定四庫全書
沙牛皮水牛皮豬皮爲上驢馬駝騾皮爲次
破皮履鞋底格椎皮靴底破鞍韉
但是生皮無問年歲久遠不腐爛者悉皆中者
其脂肕鹽熟之皮則不中用
唯欲舊釜大而不渝者
法於井邊坑中浸皮四五日令極液以水
淨洗濯無令有泥片割釜中不須削毛凡水
皆得煮然鹹苦之水膠乃更膠長作木匕頭施鐵刃時

北魏《齐民要术》煮胶法书影

4 中国古代的化学过程

广泛意义上的化学过程包括操作场所（实验室）、装置设备（仪器设备）、化学原料（药品燃料等），进而开展相关的化学操作，最终制得相应的物质。虽然中国古代化学并没有近代化学那般严密的规则和流程，但是在生产生活中积累的丰富经验和成果，也在一定程度上跟科学意义上的化学不谋而合。

古代化学的操作场所

古代化学的操作场所因具体内容不同，因南北地域与民族风俗的差异而呈多样性。比如制作漆器和酱类食品的荫室、古代炼制外丹的丹房、烧制瓷器的窑场、酿酒用的窖池等。古人的实践活动不仅注重精细巧干，而且在一些活动场所的选择上往往还伴有风水地理以及相关的文化禁忌。这在一定程度上也客观地反映了一些与科学活动相关的做法、观念和意识。

1. 荫室

中国漆器的历史可以上溯至7000多年前河姆渡的漆碗，随着丝绸之路的开辟传入东亚、东南亚乃至欧洲地区。足见中国制漆技艺不仅有悠久的历史，而且影响深远。制作漆器离不开加工和制造的荫室，即不通风的潮湿温暖之室。荫室是制作漆器或酱类食品等专用的房屋，它有利于酶的合成、霉菌的生长等。

西汉初年，司马迁《史记 · 滑稽列传》记载："漆城虽于百姓愁费，然佳哉。漆城荡荡，寇来不能上。即欲就之，易为漆耳，顾难为荫室。”这个故事是讲秦二世当时打算将城池漆一遍，当时的谋士优旃劝谏秦二世道：漆城虽然使百姓增加负担，但是将城漆得光滑溜溜的，敌人进犯时也就无法登上城墙了；虽然漆城不难，但是要盖一间比城大的荫室，将漆完的城荫干，这太难了。秦二世听后便打消了漆城的念头。荫室是生漆干燥时所必需的设施。因为荫室里比较阴湿，水分比较多，这样空气中的氧气和漆料中的漆酚也就容易聚合成膜。在这种环境制作的漆器，干后也不容易出现裂纹和皱褶。

北魏贾思勰《齐民要术 · 作豉》：“作暖荫屋，坎地深三二尺，屋必以草盖，瓦则不佳，密泥塞屋牖，无令风及鼠入也。开小户仅得容人出入，厚作藁篱以闭户。”将制备的食物原料放在阴暗温暖的房间里，以利于食用霉菌的生长，制成可长久存放的酱类食品。

2. 丹房

丹房也称丹屋、灶屋，是炼丹操作的房屋，相当于化学实验室。中国历代炼丹经卷记载了建造丹房的各种注意事项，尤其强调地理环境和相关的禁忌。

东汉时期著成的丹经《黄帝九鼎神丹经诀》卷一说丹房要建在深山大泽，旷野无人之处；若是在有人的地方构筑丹房，那也得高墙厚壁，不得令外人见房内；不可与秽污、丧死嫁女的人家往来。这卷丹经的卷七《飞丹作屋法》还提到丹房的尺寸和地理朝向，文中说道：“屋长三丈，广一丈六尺。洁修护，以好草覆之。泥壁内外，皆令坚密。正东正南开门二户，户广四尺。”《太微灵书紫文琅玕华丹神真上经》记载的作屋方法跟上面相同。

这个时期的另一种炼丹经书《太上八景四药紫浆绛生神丹方经》也说道：“（作灶法）当在无人处，先作灶屋，长四丈，南向开屋，东头为户，屋南向为纱窗，屋中央作灶。”建造炼丹的丹房，开东户南窗，中央作灶，不仅要坐北朝南，而且务必严密，暮闭其户，不得泄露室内光亮。《太极真人九转还丹经要诀》记载：“（灶屋）门南户东户西户三门也。”因北方终年四季多吹西北风，所以丹房仅开东户南窗；南方则不然，所以开南户、东户、西户三门。

东晋炼丹家葛洪还说到建造丹房的禁忌,《抱朴子 · 内篇 · 金丹》记载:“合丹当于名山之中,无人之地,结伴不过三人,先斋百日,沐浴五香,致加精洁,勿近秽污,及与俗人往来,又不令不信道者知之,谤毁神药,药不成矣。”

北宋成书的丹经《丹房须知》详细讲解了构筑丹房时的一系列注意事项,即择友、择地、丹室、禁秽、丹井、取土、造炭、添水、合香、坛式、采铅、抽汞、鼎器、药泥、燠养、中胎、用火、沐浴、火候、开炉、服食 21 项内容。这比汉唐时期修建丹房的程序还要繁琐复杂,而且迷信色彩较浓。但是,这也大体反映了古人修建丹房进行炼丹的相关准备工作。

3. 窑、窖、池

这里要讲的窑,主要是指烧造瓷器的窑场。中国的陶瓷历史有多久远,窑场的历史也就有多久远。宋朝是中国瓷器繁盛时期,当时有宋朝五大名窑,即定窑、哥窑、官窑、钧窑、汝窑。因地理环境、制瓷原料和技艺水平等因素,每个时期的各个窑场都有自己独特的风格,并自成系统。

窖池是酿酒用的酒窖。中国酿酒的历史有多久远,或可说酒窖的历史也就有多久远。考古出土证实,目前中国最早的酒是河南罗山后李村商朝墓地 M8 出土的卣,其内盛有液体含微量的甲酸乙酯(酒类芳香分子成分),距今达 3000 多年。近年,陕西省宝鸡市石鼓山的西周贵族墓出土的青铜酒器——卣,也意外地发现盛有酒。一般说来,酒窖的使用时间越长,其内的微生物越丰富活跃,发酵酿造的酒质也就越好。目前,有名的古窖池有四川宜宾明清古窖池群、四川泸州营沟村明清老窖池群、四川成都水井坊元明清古窖池群、江西南昌元朝古酒窖等。

1996 年,国务院公布四川泸州大曲老窖池为第四批全国重点文物保护单位。这批窖池位于四川泸州营沟村,其中有 4 口始建于明万历年间的窖池,其附近还有始建于清咸丰、同治年间的窖池 53 口。泸州老窖拥有百年以上的老窖池达 1 600 多口。泸州老窖池内有醋

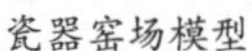

瓷器窑场模型

泸州老窖池

酸菌、酪酸菌、霉菌等400多种微生物霉菌。所以，泸州老窖有“泸州酒好，好在窖老”的说法。

4. 坛

古代的坛，指举行祭祀、誓师等大典时，用土、石筑的高台。《说文解字》说：“除地为场，……坛之前又必除地为场，以为祭神道。……场有不坛者，坛则无不场也。”这说明古代的坛和场所是有区别的。中国古代炼丹活动中，在建造丹房之后，需将丹炉安放在丹坛之上。丹坛的建设和构造有一些需要合符神道的法度。从现在留下来的丹经要诀来看，关于作丹坛的记载众说纷纭。唐朝陈少微撰写的炼丹经卷中提到丹坛的尺寸，《大洞炼真宝经九还金丹妙诀》记载：“垒土为坛，坛高八寸，广二尺四寸。”元明炼丹经卷《感气十六转金丹》将丹坛分为三层，其中最下层高40厘米，宽1.83米；中层高33.33厘米，宽1.5米；下层高26.67厘米，宽1.17厘米。丹坛上放丹炉，炉内是装有丹药原料的椭圆形盒子。这个盒子，也称为神室或混沌。其实它就是我们化学实验中所讲的反应器。

宋朝成书的炼丹经卷《丹房须知》提到筑坛和作炉用的土必须洁净，并且还提到要做一些与炼丹看似毫不相干的事，丹经中记载：“南面去坛一尺，埋生砂一斤，线五寸，醋拌之。北面埋石灰一斤，东面埋生铁一斤，西面埋白银一斤。”炼丹家在建造丹房之后，首先是作坛下土前要在丹坛的东边埋 0.5 千克生铁，南边先埋 0.5 千克朱砂，西边埋 0.5 千克白银，北边埋 0.5 千克石灰；其次要在丹炉旁边插上一把古剑；最后要在丹炉北面挂一面古镜。在炼丹家看来，这些都是合符神道的法度。只有完成了这些合符神道旨意的准备工作，才可能得到天神天仙的授权，保障炼丹活动的顺利开展，并最终获得炼丹成功。

石器时代烧制陶器，青铜时代的夏商周时期冶炼青铜，那时的劳动场所在“除地为场”之后，是否也会祭神道而设坛？目前，虽无资料文献可引用证实，但是溯源中国文化的发展来看，有文献记载的陶瓷制造和金属冶炼历史，在动工之前都有设坛祭神，祈祐工程顺利。在此之前，鬼神观念和巫文化的信仰极为盛行，各种工事启动之前设坛以祭神道，符合常理。这或许也算是中国传统科技的独特文化。

古代化学的装置设备

中国古代的化学成就主要归功于炼丹事业。这里说的炼丹指的是炼制外丹，包括炼金丹和炼黄白。金丹也称为仙丹、灵丹等，是一种长生不死药。炼黄白是用药剂使铜、锡、铁、铅等贱金属变成黄金白银，其实也就是镀金镀银。在炼金丹和黄白的过程中，创造和使用了大量的装置设备。广州西汉南越王墓西耳宝出土的五色药石，其中配备有药具，以捣制药物，制作丹药。这是目前岭南地区出土时间较早的与炼丹有关的器具设备。

古代炼丹设备有丹坛、丹灶、丹炉、丹鼎、甘埚子、抽汞器、研磨器、绢筛、马尾罗等 10 多种。坛上置炉、灶，称为安炉。其实，丹炉、也称药炉。炉是容纳鼎的器具，灶是容纳釜的器具。一般仅用其中一种，称丹炉或丹灶。有时炉和灶为同一说法，所以通常以“炉灶”连称。炼丹家所用丹炉有众多样式，如百眼炉、八卦炉、偃月炉、飞汞炉、菊花炉、既济炉、未济炉、阴阳炉、天地炉、神仙炉、明离炉、明炉、风炉、气炉、鞴炉、镣炉等。南宋隆兴元年（1163）成书的丹经《丹房须知》，详细记载了各种丹炉的形制和尺寸。

1. 反应容器或装置

中国古代的反应容器，皆为非透明的材料制作而成。比如说鼎的制作材料，有金、银、铜、铁、土、磁等多种。其他的器具设备，除以上材料外，也用木料、石臼、皮骨、壳、毛发、蹄甲、根茎叶等材质，均不见有玻璃类材料。因此，古人无法以肉眼直接观察到器具内部的物质反应和变化情况。但是,古人在实践活动中不断发现、发明和总结，同样得出了一大批令后人叹为观止的科学技术成果。

鼎，在中国传统文化中有独特的象征意义。商周以来，鼎在政治上象征王权，所以有“楚王问鼎”的故事。在中国古代炼丹家看来，鼎作为地上王者所用之器，不仅代表了天帝旨意，同时还可通过鼎向天界和仙界传达人间的旨意，从而炼丹器具中广泛应用丹鼎。炼丹家将炼丹用的铁锅称为铁鼎。土鼎是土制的陶鼎或瓷鼎。炼丹用的丹鼎都是有一定讲究的。宋元之际成书的炼丹经卷《金丹大要》记载悬胎鼎:“鼎周围一尺五寸，中虚五寸，长一尺二寸。状似蓬壶，亦如人之身形。分三层，应三才。鼎身腹通。直令上中下等均匀入炉八寸，悬于灶中，不着地，悬胎是也。”制悬胎鼎讲到尺寸时，五寸(约 16.67 厘米)为的是应阴阳五行,三层是应天地人三才,八寸(约 26.67 厘米)是应八方的八风。炼丹家的这些讲究，从炼丹家的主观意思来看是迷信的做法，其实从现代科学来看，它在客观上又有一定的科学价值。

丹炉通常其内盛水、火二鼎。水火二鼎用管相通。鼎和釜都是放在炉灶之上的反应容器或冷凝装置。火鼎一般用来放丹药原料，也称药鼎。水鼎盛水，其旁有一管子专门引入冷水，用于冷却药鼎蒸馏出来的丹药蒸汽。水鼎在上，火鼎在下的丹炉，称为“既济炉”;火鼎在上,水鼎在下的丹炉,称为“未济炉”。既济、未济二词出自《周易》六十四卦中的卦名。既济卦的卦体是上坎（水）下离（火），未济卦的卦体是上离（火）下坎（水）。

在炼丹操作中，属于鼎一类的反应容器或冷却设备，还有匮、釜、神室、混沌、合子或盒子、铛、筩、瓶、罐、燧、坩埚、土瓯。匮在炼丹中和鼎属同一种反应器。釜是炼丹用的铁制锅釜或黏土烧制

西安楼观台炼丹炉

的陶釜。《琅玕玉华丹》说道:“则取耐烧土釜容三斗者,白赤无所在,惟令堪火不坼破者耳。”这里提到的便是土釜。合子或盒子,其实是炼丹中有盖的罐子。罐子是炼丹中普遍使用的器具,比如说阳城罐、石榴罐和冷凝罐等。阳城罐指阳城生产的丹罐,耐热性强,不易烧裂。石榴罐是炼丹活动中一种简单的蒸馏器。

蒸馏器在古代炼丹和酿造中已广泛应用。宋朝炼丹经卷《金华冲碧丹经秘旨》记载的石榴罐,像圆底烧瓶,下面放甘埚子,加热后,罐内的水银蒸气在甘埚子的冷水中冷却成液态水银。陕西西安保家村唐朝窖藏文物中的药具主要有银石榴罐、玉杵、玛瑙臼、锅、盆铛、铫、鼎等。这里的大部分器具是医药和炼丹的通用药具。其中,银石榴罐是道教中具有相当财力的炼丹家才可能使用的抽砂炼汞专用器具。

《丹房须知》记载的蒸馏器结构和使用都比较复杂。它的制作材料、尺寸、操作方法均无记载,但大致可以推断它极可能是炼丹时用于蒸馏水银用的设备。它的下部是加热炉,上部是盛放药物的密闭容器,旁有一管通往冷凝罐内。这种蒸馏器与如今南方农村蒸酒用的设备看似已别无二致。古代炼丹使用的罐类容器,皆为陶罐,只是到了近代才用金属罐升炼丹药。虽然炼丹使用的反应容器造型各异,但其用途大同小异。

宋朝丹经《金华冲碧丹经秘旨》内附有部分炼丹设备的插图。书中保存的“铅汞归根未济图”三幅,这其实就是简易的蒸馏设备。化学史专家袁翰青对其有深入透彻的研究。此外,书中上卷有一幅炼丹设备“甑”的插图,并详细讲解了甑的制作使用。此外,记载炼丹设备并配有插图的丹经要诀还有《丹房须知》《感气十六转金丹》《金丹大要》《太极真人杂丹药方》《稚川真人校证术》等。

华池是水法炼丹中的重要器具,用来盛浓醋酸的溶解槽。化学史专家赵匡华、周嘉华认为华池是一种酸性溶液,确也符合炼丹事实。因古人往往一词多义,依炼丹文献将华池理解为炼丹的一种设备,或为众多说法之一。将硝石和其他药物一并投入盛有浓醋酸的华池中，硝石在酸性溶液中提供硝酸根离子，起着类似稀硝酸的作用，从而溶解金属及其矿物。以上物质在华池内的反应过程，也就包括了醋碱反应和氧化还原反应。在早期丹经《三十六水法》中记载了溶解 34 种矿物和 2 种非矿物的 54 个水法炼丹方，其中这些丹方的操作实验大多就是在液态反应的华池内进行。

竹筒是炼丹常用的容器。《三十六水法》的 42 种水，每一种水的炼丹方法都用到竹筒这种反应器。《三十六水法》的第一种水“矾石水”使用了竹筒：“取矾石一斤，无胆而马齿者，纳青竹筒中，薄削筒表，以硝石四两，覆荐上下，深固其口，纳华池中，三十日成水。以华池和涂铁，铁即如铜，取白冶铁精，内中成水。又法：取矾石三斤，置生竹筒中，薄削其表，以细绵缠筒口，埋之湿地，四五日成水。又法：先以淳醋浸矾石浥浥，乃盛之，用硝石二两，漆固口，埋地中深三尺，十五日成水。”文中讲到的竹筒有青竹筒、生竹筒和筒，其实都是生竹筒，并要削竹筒皮再盛易溶的硝石。竹筒的内部与外部的华池乃至湿地下的泥土形成渗透压，使得外部的华池溶液或水更易渗入竹筒内，形成悬浊液，制得水法丹药。

抽汞器，是一种抽砂炼汞的装置设备。抽汞的方式一般分为两种，一是，将装有朱砂的炉鼎加热制得汞；二是，在朱砂中掺以木炭放入甘埚，并将甘埚倒置在水罐之上，加热甘埚，这是倒抽制汞。这两种制汞装置都是抽汞器。《丹房须知 · 抽汞十二》记载：“鼎上盖密泥，勿令泄炁管，令引水（汞）入盖，上（应作下）盆内，庶汞不走失也。”这就是抽汞器之一种。《黄帝九鼎神丹经诀》卷十一说道：“以生竹筒盛丹砂，若朱砂埋着地中，以云母覆口，与地平，筒上仅可三四寸土覆之，以糠灰烧之，再宿三日，成水银也。若未成，更烧之，以成为限。”唐朝炼丹经卷《九还金丹二章 · 抽砂出汞品第一》和宋朝《还丹众仙论》中的“砂中抽汞诀”所载抽汞方法相同。《玉洞大神丹砂真要诀 · 第十品抽汞法》记载：“先取铁鼎，上下安盥固济。炉上开一孔子，引内气出。即用木柴烧之，三日一收。汞出未尽，更飞之。抽汞此为妙矣。”这就是第一种抽汞的制备方法，它的化学反应式为：

$$HgS+O_2 \rightarrow Hg + SO_2 \uparrow$$

此外,《庚道集》卷一收录北宋崔昉《金丹大药宝诀内寒林玉树涌泉匮法》,卷二讲道:“月桂长春丹(法)抽汞法”,就是倒抽制汞法。它的化学反应式为:

$$HgS + C \rightarrow Hg + C_2S$$

水海,据宋朝《金华冲碧丹经秘旨》中记载,水海是用银制成,形状像平底磁漏斗。它在炼丹过程中安放在“神室”(丹鼎)上面,起冷却作用。

甘埚(坩埚),是一种冶金炼药的容器。在炼药中通常也称之为甘锅子、甘窝、窝子、锅子、锅、瓜锅等。《黄帝九鼎神丹经诀》卷九说道炼丹家狐刚子“用甘土作锅,火熏使干”。这种甘土锅即土埚。《诸家丹法》卷三记载:“即将雄黄末坐锅子内。”《庚道集》卷三说道:“将三黄各一两,同研一伏时。入玉雪末一两,即玉荀也,再研匀,安甘锅内。”古代的锅与埚同音,锅、埚同音假借,锅当作埚。又窝、埚两字同韵,叠韵假借,窝当作埚。

2. 其他操作工具

此外,还有将固体物质研磨成粉的研磨器,称丹药用的小戥秤,扫丹釜泥沙的小扫帚,盛炭火用的铁丝瓢,加炭火用的火钳,压丹釜用的砖石,扫取丹药的小棕刷,贮藏丹药的盒子或瓶子,炼丹扇火用的扇子,炼丹鼓风用的排囊、气袋和风袋,研磨丹药用的柳木槌、玉椎和玉槌,不渗水的容器称不津器,炼丹中作盖子用的勘盆子等。

古代陶器——坩埚

在外丹黄白法中,还大量使用瓦制容器及其他器具,例如甍、甗、瓶、㖒、瓺、甑、瓴、鍉、瓯、甂,等。其实,这类器具往往因大小或地域之别而名称各异。汉朝杨雄《方言》说道:“甂,陈、魏、宋、楚之间谓之瓺;自关而西谓之甂;其大者谓之瓯。”除瓺之外,鍉、瓶、㖒的意思相同,且也都有大、小盆和瓶两层的意思。

炼丹术是中国古代重大科学发现和技术发明。古代炼丹活动中运用的工具和设备众多，形式多样，用途不一。此外，古代制陶、酿酒的设备和冶铸中常用的炉、坩埚、风箱等，甚至比炼丹工具与设备的历史更为久远。炼丹术的兴起晚于制陶、酿造、冶铸等手工业，其对先前的成果多有借鉴。先秦时期，甚至更久远的制陶、酿造、冶铸等领域的高水平技艺成果，为炼丹术的崛起奠定了重要基础，其相互关系值得深入探究。

古代化学的原料

古人在寻矿冶金、拣药治病、炼制金丹黄白等生产生活的实践中，广泛涉及化学方面的知识。客观上讲，动植物药、矿物药的炼制、加工取用，大大促进了中国古代的药物化学发展。例如，冶金与金属化学药物的发现，以升华法制备药物的发现，汞齐合金等合成技术与本草化学药物制备的发现，本草药物有关理化鉴别方法的发现，炼丹与无机合成化学药物的发现等。

在传统医药中，依据药物原料对人益寿强健的程度分为上、中、下三品。这种分类方法始于《神农本草经》，唐宋本草也一直沿用。明朝李时珍《本草纲目》按药物原料的自然属性，采用水、火、土、金石四部分类法；同时，金石部又分为金、玉、石、卤石四类。按现代化学的分类法，化学原料有元素和化学成分分类法，比如说金、银、铜、铁、锌、锡、铅、汞化学等。

1. 药物原料

中国古代的医药典籍、丹经要诀等文献记载的药物名称，有多个隐名、别名。尤其是炼丹术中的药物隐名暗语，更是数不胜数。弄清这些药物名称所指的具体药物，是了解古代化学的重要步骤之一。东晋葛洪《抱朴子 · 黄白》说道："凡方书所名药物，又或与常药物同而实非者，如河上姹女，非妇人也；陵阳子明，非男子也；

禹余粮，非米也；尧浆，非水也。而俗人见方用龙胆虎掌、鸡头鸭蹠、马蹄犬血、鼠尾牛膝，皆谓之血气之物也；见用缺盆覆盆、釜大戟、鬼箭天钩，则谓之铁瓦之器也；见用胡王使者、倚姑新妇、野丈人、守田公、戴文浴、徐长卿，则谓人之姓名也。近易之草，或有不知，玄秘之方，孰能悉解？”现代道教研究名家陈国符（1914—2000）考镜源流，梳理炼丹中的众多异名、别名、隐名，为后继的探究活动铺平了道路。

中国古代医药以植物药为主，其次为矿物药，兼及动物药及其他的药物来源。秦汉之际编撰的《神农本草经》记载矿物药 41 种；北宋唐慎微《证类本草》记载矿物药 139 种；李时珍《本草纲目 · 金石部》收录 160 余种矿物药。魏晋至唐初，炼丹术尤为重视矿物药。东晋葛洪《抱朴子 · 内篇》以矿物药为主，兼及动植物药。唐朝炼丹经卷《金石簿九五数诀》介绍 45 种炼丹原料的产地和质量，其中大部分是矿物药。唐朝后期，梅彪在炼丹经卷《石药尔雅》中收录了炼丹所用的药名 168 种，其中金石矿物药 81 味，动物类药 40 味，植物类药 42 味，不明药物 5 味。矿物药列于《石药尔雅》诸药之首，占全书药物的近半数，并以石药为书名。可见当时的梅氏在炼丹术中继承了重视矿物药的传统。

1）*矿物原料*

矿物原料分为单质和化合物两类。单质类的矿物有金、银、铜、铁、锌、铅、汞、砷、硫等，比较容易区别。比如含汞的矿物药，有水银、硫化汞、氧化汞等；含硫的矿物有硫磺、倭硫磺、石亭脂（石硫赤）等；含碳的矿物有墨、石炭、百草霜、金刚石等。但是混合物或化合物类的矿物，确实比较复杂。

按盐类来分化合物类的矿物药，大致可分为盐酸类、硝酸类、硫酸类、碳酸类、硅酸类、硼酸类等。盐类，指各种酸的阴离子与金属阳离子化合而成的物质。含盐酸根（Cl^-）的盐类有食盐、戎盐、光明盐、硇砂（白色含氯化铵 NH_4Cl，紫色除含氯化铵外还杂有铁、镁、硫等化合物）、卤咸（熬盐剩下的卤水，其结晶体为卤咸，含氯化镁 $MgCl_2$，杂有氯化钠）等；含有硝酸根的盐类有硝石（又称火硝，KNO_3）；含硫酸根（SO_4^{2-}）的盐类有朴硝、芒硝、石膏、胆矾、明矾等，书中“医药与化学”中对矾化学已有了简介；含碳酸根的盐类有大理石、方解石、石蚕、石燕、炉甘石、钟乳石、盐精石、凝水石等，牡蛎、珍珠、龙骨、石决明、瓦楞子等，也属碳酸盐；含硅酸根的盐类有阳起石、蒙石、云母、滑石、不木灰、海浮石、白石脂、赤石脂等；含硼酸根的盐类有硼砂；含磷酸根的盐类有龙骨、龙牙等。

按化学元素分类矿物药，又可分为金、银、铜、铁、锌、铅、钙、镁、铝、锰、汞、砷等的化合物和混合物。其中，矿物药铅、汞、砷、钙的部分化合物已在“医药与化学”中作了论述。在此将仅选金、银、铜、铁几种元素的矿物原料作简要介绍。

（1）含金矿物药

含金的矿物药主要有金箔、金鼎、金顶、金屑、金浆、金石、诸金、金牙、金鎔、鎔末等。据唐末五代李珣撰写《海药本草》记载：“金性多寒，生者有毒，熟者无毒。”在此之前，南朝梁时的著名医药家陶弘集编注《本草经集注》也说道：“（金）作屑，谓之生金。辟恶而有毒，不炼服之杀人。”清朝中期赵学敏《本草纲目拾遗》记载：“诸金，有毒。生金有大毒，药人至死。”上面所列含金的矿物药，除金屑、诸金两种属于生金有毒，其余金类药物都是熟金，入药无毒。此外，长沙马王堆汉墓出土的医药帛书《五十二病方》还记载用金鎔和鎔末入药治疗痔痂。

（2）含银矿物药

含银的矿物药主要有生银、黄银、乌银、锡蔺脂、银屑、银箔、朱砂银、银铕。银铕也称为银釉，有毒。将镕银倒入罐时，必多用硝及硼砂、黄砂以去铅铜杂质，这可制成十足成色为纹银，其罐底所余的黑色滓渣便被称作银铕。清朝医家李文炳《经验广集》说道：“服银铕水者，乌梅汤灌之即解。”同一时期的医学著作《杨春涯经验方》也讲到解毒银铕：“误食银釉，带皮绿柿连吃数十枚，冬日吃柿饼、慈姑汁可解，神妙。”慈姑是南方对荸荠的俗称，能解毒消肿、利尿通淋。《本草纲目》指出荸荠“味甘、微寒，滑、无毒。”“能解毒，服金石人宜之。”锡蔺脂，也称锡吝脂、悉蔺脂，是波斯国产的银矿。

（3）含铜矿物药

含铜的矿物药有铜矿石（紫铜矿、金花矿、白铜矿、赤铜矿、黄铜矿、斑铜矿、风磨铜、自然铜）、空青（又称杨梅青，天然的碱式碳酸铜矿，能化铜、铁、铅、锡作金）、曾青（又称层青，能化金铜）、肤青（又称推青、推石、绿肤青）、扁青（又称石膏），白青（也称大青，色深为石青，色淡为碧青；得金化为铜）、铜青（又称铜绿，其实为铜锈，是碱式醋酸铜和氧化铜的混合物，大为空绿，次为空青；铜久放潮湿处或喷上醋，经二氧化碳或醋酸作用，表面生成绿色的铜锈）、绿青（又称扁青、大绿，属孔雀石矿物，画工以此为颜料，称作石绿；白青不作颜料）、绿盐（又称盐绿、石绿）、白铜（以赤铜和砒石合炼制得）、赤铜屑（含纯金属铜）、菜花铜（赤铜合炉甘石炼成黄铜，色如菜花）、石胆等。此外，还有各种铜器及其制作过程中的产物也广泛用作药物，如诸铜器（盛饮食茶酒，经夜有毒）、铜盆、古铜盆、铜钴鉧（铜制熨斗）、铜匙柄、钱花（铸钱炉中飞起的黄花珠）、古镜（含铜杂有锡）、开元钱、万历龙凤钱、古文钱、铜弩牙等。一般含铜的化合物都有腐蚀性，内服少量会刺激胃引起呕吐。

中药材自然铜

自然铜，又称金山力士、銗石、接骨丹、石髓铅，是黄铜矿的一种矿石，不需冶炼便色青黄如铜。北宋开宝六至七年（973—974），刘翰、马志等编著《开宝本草》较早记载了自然铜：“味辛，平，无毒。疗折伤，散血止痛，破积聚。生邕州山岩中出铜处，于坑中及石间采得，方圆不定，其色青黄如铜，不从矿炼，故号自然铜。”在医药中作伤科外用药，排瘀止痛，接骨续筋。主要成分是铜和铁的硫化物（CuS，FeS）。久露在空气中，颜色会由黄赤色变黄棕色，再变黄褐色，最后变成黑色。因自然铜含硫，所以煅烧时有蓝色火焰；因主要成分是铜，故煅烧后呈青色。当自然铜煅烧醋淬之后，会生成铜和铁的氧化物（CuO，FeO）和少量的醋酸铜（$CuAc_2$）。

（4）含铁矿物药

含铁的矿物药有铁矿石（赤铁矿、褐铁矿、磁铁矿）、代赭石、流赭、玄黄石、赤石、石中黄子、蛇黄（也称蛇含，属褐铁矿，主要含硫和硫化铁）、无名异（属锰铁矿一类的矿物，含二氧化锰 MnO_2，杂有铁，呈黑褐色，常与软锰矿、硬锰矿、褐铁矿共存）、磁石、磁毛石、玄石、绿矾、婆娑石、铁锈（主要含氧化铁 FeO 和三氧化二铁 Fe_2O_3）、绿矾（又称皂矾，水硫酸亚铁 $FeSO_4 \cdot 7H_2O$，火煅变赤色称绛矾）、金线矾（含水硫酸铁、硫酸钾 $K_2SO_4 \cdot FeSO_4 \cdot 3H_2O$）、铁浆（生铁浸在水中生锈后所得的水溶液）、金牙（含硫和硫化铁）、紫精丹（含硫化铁）、玄石紫粉丹、铁华粉（铁浸醋生锈所得的赤褐色粉）、禹余粮等。此外，在冶炼铁矿和制作铁器时，众多产品及副产品都成为医药和炼丹中的药物原料。例如，铁粉（又称针砂，是炼钢铁时溅出来的粉末）、蜜栗子（铁矿床渣子）、铁落（煅打钢铁时散落的细片或铁点）、铁精（煅铁炉中的灰烬）、生铁、钢铁、马口铁、马衔、车辖、布针、枷上铁及钉、劳铁、钉棺下斧声、诸铁器、铁锁、铁钉、铁铧、大铁刀及环、剪刀股、铁镞、铁甲、铁铳、铁斧、马镫、铁杵、铁石、针砂（即铁粉）、秤锤等。以下主要就代赭石、磁石、紫精丹、禹余粮四种矿物药的相关化学特征作简要介绍。

代赭石为六方晶系黑褐色赤铁矿矿石。主要成分是三氧化二铁（Fe_2O_3），占 55% 左右，杂有硅酸铝（$Al_2(SiO_3)_3$）及少量钙盐。最早见载于《神农本草经》："代赭，味苦，寒。治鬼疰，贼风，蛊毒，杀精物恶鬼，腹中毒，邪气，女子赤沃漏下。一名须丸，生山谷。"在医药中用来平肝降逆，凉血止血，治疗心下痞鞕，噫气不除，噎膈反胃。代赭石，也称代赭、赭石、美赭、流赭、须丸等。《名医别录》称之为血师，研磨作朱色点读书籍，所以俗称土朱，又称铁朱。类似代赭石的矿物药还有赤石、玄黄石等。

磁石是磁铁矿石，通常为八面体结晶，主要成分是四氧化三铁（Fe_3O_4），或者是三氧化二铁（Fe_2O_3）和氧化铁（FeO）的混合物。

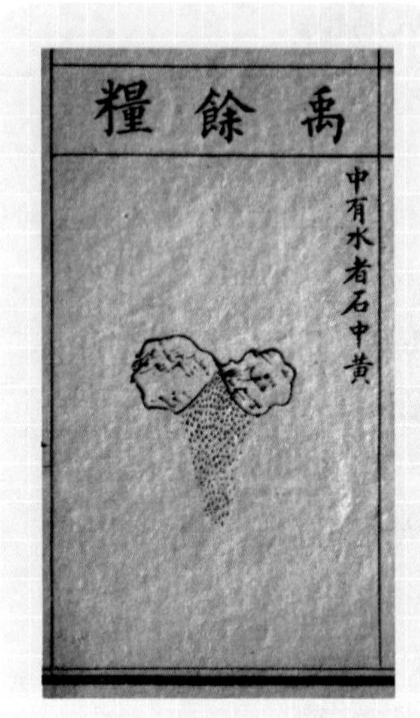

禹余粮

磁石能吸铁、钴、镍。如果将其火煅醋淬，或者长期受潮生锈，则磁性会消失。磁石最早见载于《神农本草经》，又称为玄石。在历代医药典籍里也称之为磁君、协铁石、吸铁石等。据宋朝《太平圣惠方》记载，以磁石为原料，通过火煅、醋淬、酒淬、研磨等程序，可以制成玄石紫粉丹，用于治疗血虚萎黄，心神不宁，头晕目眩，关节疼痛，目翳内障等。

紫精丹，主要含硫化铁（FeS），呈黑色。宋朝官修医方典籍《太平圣惠方》记载了这种丹丸。作药物时，大量服用会引起呕吐。紫精丹由硫磺和铁粉共热加工而得，易溶于酸，生成硫化氢和亚铁盐。紫精丹在空气中加热后，氧化成硫酸亚铁（$Fe_3(SO_4)_2$）。如果将其放在烈火上加热，则会分解成三氧化二铁（Fe_2O_3）和二氧化硫（SO_2）。

禹余粮，广泛应用于医药和炼丹中，在医典里有多种名称，例如《神农本草经》《名医别录》《唐本草》等称太一余粮；《吴普本草》《本草经集注》《雷公炮炙论》《唐本草》《本草拾遗》等称太一禹余粮；也有典籍称其为太乙禹余粮。这是一种斜方晶系褐铁矿的矿石，是含结晶水的混合物，主要成分有三氧化二铁（$Fe_2O_3 \cdot 3H_2O$），还杂有硅酸铝（$Al_2(SiO_3)_3$）和磷酸铝（$AlPO_4$）及黏土，呈黄褐色。在医药中广泛可用于治疗涩肠固下，止泻，止带下，止血，还可补血，用于治疗胃肠出血，崩漏带下，久泻脱肛等。

2）植物原料

中国古代医药以本草为精要，开方抓药，防治病症。其使用的医药原料大多为植物药，其次为矿物药，兼及动物药及其他药物原料来源。明朝李时珍《本草纲目》是中国本草学的集大成著作，共收录植物药 1 095 种（正文 881 种，附录 61 种，具名未用的植物药 153 种），占全书药物总量 58%。全书将植物分成草部、谷部、菜部、果部、本部五部，其中草部又分为山草、芳草、湿草、毒草、蔓草、水草、石草、苔草、杂草 9 类。《本草纲目》记录的植物药，保留了大量古代化工方面的资料。例如，书中在讲到从草木灰中提取碱："以灰淋汁，取碱浣衣。""石碱，……彼人采蒿蓼之属，开窖浸水，漉起，晒干烧灰，以原水淋汁，每百引入粉面二三斤，久则凝淀如石，连汁货之四方，浣衣发面，甚获利也。他处以灶灰淋浓汁，亦去垢发面。"讲到利用蓝草制作染料蓝靛："南人掘地作坑，以蓝浸水一宿，入石灰搅至千下，澄去水，则青黑色，亦可干收，用染青碧。其搅起浮沫，掠出阴干，谓之靛花，即青黛。"还说到紫背天葵"取自然汁，煮汞则坚，亦能煮八石，拒火也"。

中国古代炼丹的经卷中也有大量的草木药原料。东晋葛洪《抱朴子 · 内篇》记载炼丹的药物中有众多的草木药，仅"灵芝"一类就说道："芝有石芝、木芝、肉芝、菌芝，凡数百种。"并用大量的篇幅来讲述其生长环境和药效。隋唐以后，炼丹中的黄白术普遍使用草木药作为炼丹原料。唐朝初年，司马承祯《白云仙人灵草歌》在讲解黄白术时收录草木药 45 种，《纯阳真人药石制》收录 65 种，《石药尔雅》收录 42 种。

3）*动物类原料*

在医药中有大量的动物性原料作药物。殷商时期的甲骨文记载的动物入药达 40 多种；战国时期的《山海经》记录动物性药物 67 种；秦汉之际的《神农本草经》收录 67 种；唐朝药典《新修本草》记载的动物性药物增至 128 种。明朝李时珍《本草纲目》收录药物 1892 种，其中动物类药物 465 种，约占全书药物总量的四分之一。全书的第三十九至五十二卷皆记载动物药，分为虫、鳞、介、禽、兽、人六部。其中，虫部收录动物药 106 种，分为卵生类、化生类、湿生类；鳞部有 85 种，分为龙类、蛇类、鱼类、无鳞鱼类；介部 46 种，分为龟鳖类、蚌蛤类；禽部分水禽类、原禽类、林禽类、山禽类；兽部分畜类、兽类、鼠类、寓怪类；人部入药不分类，收录 37 种。清朝赵学敏《本草纲目拾遗》又将动物性药物增加 160 种。1979 年，中国第一部较系统、安全的药用动物专志《中国药用动物志》编撰出版，收录动物性药物达 1 500 多种。这些动物性药物分为内服和外用两种。其中，内服又有生鲜吞服、液体浸泡、炖煮服汁、研末服粉、焙干服粉等多种形式；外用可分为生鲜捣敷、研末外敷、汁液点用等类型。

东晋的炼丹家和医药家葛洪就曾说过："治金丹术者宜兼通医术。"因此，历代炼丹家大多数都兼通医术药方。比如《道藏》中也收录有《孙真人备急金丹方》（共 93 卷），南朝梁时陶弘景撰有《神农本草经注》（共 7 卷）和《肘后百一方》（共 3 卷）等。在医药和炼丹中，往往通用一些动物性药物优雅的异名，例如夜明砂（蝙蝠粪）、蚕沙（蚕屎）、黄龙汤和人中黄（人屎）、轮回酒和还原汤以及玄精（人尿）、望月砂（兔粪，主明目）、五灵脂（鼯鼠粪）、子东灰（牛粪）、阴龙肝（狗血、狗粪）、阴兽玄精（牛粪汁）、阴兽当门（乌牛胆）、黑膏孙肥和玄脂（猪脂）、西兽衣（驼毛）、蠢蠕浆（牛乳）等。

2. 古代燃料

人类在懂得用火之时，所用的燃料很可能是草木一类的植物燃料。人类在劳动实践中不断探索和发现，积累了经验和认知。燃料的种类也随之增多。综合考古出土和文献资料来看，植物燃料的历史最为久远。古人在历史演进中，也利用和认识了动物性燃料和矿物燃料。

1）植物燃料

纵观中国炼丹燃料的历史发现，经过了由早期的植物燃料和动物性燃料混用，到最后几乎全用植物燃料的历程。汉朝以马通（干的马粪）、谷糠为主，其次是木炭；魏晋至唐朝中期以木炭为主，其次是马通和谷糠；唐朝末年以后，基本全用木炭。

汉朝炼丹经卷《黄帝九鼎神丹经》说道："（第五神丹名曰饵丹）以六一泥泥之令干，加马通、糠火，火之九日夜止，更以炭火烧之九日夜乃止火。"另一部同时代的经卷《三十六水法》说道："（理石水）治理石，以淳醋溲令浥浥，釜盛炭火熬三日而赤。"据研究指出，《道藏》中 7 部汉朝炼丹经卷，记载炼丹燃料马通和谷糠 11 处，木炭 4 处。足见，这一时期的炼丹燃料主要是马通、谷糠。

唐朝丹经《太古土兑经》讲道："（煅铁）石炭乃妙。"石炭即煤炭，这说明唐朝道士已用煤炭作燃料从事炼丹活动。唐朝中叶以后，木炭和柴火作化学燃料也已成古代化学操作中极为常见之事。唐朝《外台秘要》记载制作水银霜（$HgCl_2$，一名粉霜、白灵砂）时说道："（崔氏造霜法）……炭火煅一伏时，先文后武，开盆刷下。"张果撰丹经《玉洞大神丹砂真要诀 · 第十品》，在记载抽汞法时说道："（抽汞诀）先取铁鼎，上下安盥固济。炉上开一孔子，引内气出。即用木柴烧之，三日一收，汞出未尽，更飞之，抽汞之法，此为妙矣。"魏晋至唐朝中叶 21 部炼丹文献中，使用燃料木炭 29 处，马通和糠火两种共 23 处。在炼丹发展历程中，植物燃料贯穿始终，成为炼丹燃料中的大宗原料。这与炼丹家认为植物在成长过程中，汲取了天地日月精华，以其作燃料，方能传神入药，甚至在烧炼中得到神仙的接引和点化，最终炼丹获得成功。

2）*矿物燃料*

古代的矿物燃料主要有煤炭、石油、天然气等。虽然这些燃料的早期记载比较少，但有丰富的考古出土资料可佐证古人加工和使用这类燃料的历史。

煤炭作为矿物类的有机燃料，是古代重要的冶炼燃料。煤炭是有机物和无机物的混合物，有机物成分主要是碳、氢、氧、氮和少量的硫、磷元素，无机物成分主要是硫铁矿、黏土矿、碳酸盐和氧化物等。将煤炭称为煤大致出现在宋朝。在此之前，它有多种不同的名称。《山海经》将煤炭称为石涅、栌丹、糜石；魏晋时期称之为石炭。用煤炼铁始见于北魏郦道元《水经注》。《水经注 · 河水篇》引用《释氏西域记》说道："屈茨（即龟兹，现新疆库车县）北二百里有山，夜则火光，昼日但烟，人取此山石炭，冶此山铁，恒充三十六国用。"西北产煤的记载，到了宋朝已为众人所知，朱弁《曲湖旧闻》卷四讲道："石炭西北处处有之，其为利甚博。"此外，南宋朱翌（1097—1167）《猗觉寮杂记》卷上记载："石炭自本朝河北、山东、陕西方出，遂及京师。"

汉朝众多的冶铁遗址已有将煤炭为燃料的出土实物和遗迹。1975 年，河南省郑州市西北的古荥镇的西汉末后期至东汉初冶铁遗址，出土了数量可观的用专门模具制成的煤饼，并使用了黄土作为煤加工的黏合剂。1979 年，河南省洛阳市吉利区的西汉中晚期墓葬出土了坩埚，其内外壁有烧痕，并附有熔炼后残留的煤块、铁块、炼渣、煤渣等。这说明中国最晚于汉朝已能较充分利用煤作为冶铁的燃料。此外，位于河南省洛阳市西郊瀍河东岸的西汉陶窑遗址，发现以煤烧陶的痕迹。河南省巩义市铁生沟冶铁遗址的多处陶窑都有煤灰和原煤块。这说明煤炭在汉朝已广泛应用于冶炼、制陶等手工行业。

古代炼丹家也非常重视使用煤炭作为燃料。他们认为煤炭含有不朽的观念，正如宋朝《丹房奥论》所说："烟煤乃草木之神气，丹灶家亦多用此，缘其精神不足，制养诸石未见全功。若用本草煮炼过，却以烟煤捺头，入炉温养，方能伏火。如独用此，不可成也。"煤炭较之草木燃料而言，可持续燃烧，供火不断，温度持久有保障。此外，这也与炼丹用的炉鼎有莫大的关系。

石油是动植物沉积地下上千百万年而形成。古人称之为石漆、水肥、火油、雄黄油、硫磺油、猛火油、石脑油、石脂等。东汉班固《汉书》记载上郡高奴县（今陕西省延安市延长县）有水可以燃烧，这种水即石油。《后汉书》说到延寿县南泉水有肥汁不可食用，但能燃烧起火。当地人称之为石漆。宋朝还讲到以石油制作喷火武器用于军事。唐朝李吉甫《元和郡县图志》记载武则天宣政年间，酒泉被突厥人围困，当地军民用石油烧掉对方武器得以解围。古人不仅把石油作为燃料使用，而且还用作润滑剂和药品。北魏郦道元的《水经注》在引用以上两种材料时，还讲到石油可以用作车轴和水碓的轴的润滑剂。唐朝段成式的《酉阳杂俎》讲到石油既作燃料又作润滑剂："高奴县有石脂水，水腻浮水上如漆，采以膏车及燃灯。"宋朝《嘉祐本草》和《本草衍义》还详细记载以石油入药，治疗病症。

天然气的主要成分是甲烷（CH_4）。古代蜀人在开采井盐时，意外发现了天然气。晋朝常璩《华阳国志》记载临邛（今四川省邛崃市）的盐井："井有二，其一燥一水。取井火煮之，一斛水得五斗盐；家火煮之，得无几也。"干燥的是气井，有水的是盐井，可以取火井之火煮盐。用火井之火煮盐，大大提高了盐的产量。同时期的张华《博物志》有相同的记载。东晋“书圣”王羲之《十七帖》中的《与周益州书》也讲到了益州当地的盐井和火井。其实，天然气和石油通常一同产出。南朝宋时刘敬叔和北魏郦道元还记载在新疆产石油的地区也出产天然气。明朝谢肇淛（1567—1624）《五杂俎》也讲到四川井盐产气又产油的现象，文中说道：“蜀有火井，其泉如油，热之则燃。”明朝宋应星（1587—1666）《天工开物》详细描述了天然气的发现和使用过程：“西川有火井事奇甚，其井居然冷水，绝无火气。但以长竹剖开，去节，合缝漆布；一头插入井底，其上曲接，以口紧对釜脐，注卤水釜中，只见火意烘烘，水即滚沸，启竹而视之，绝无半点焦炎意。未见火形而用火神，此世间大奇事也。”

3）动物类燃料

古代烧炼丹药也用动物粪干作为燃料。《黄帝九鼎神丹经诀》记载用马通（即马粪，也称灵薪、通卿）作为炼丹燃料，书中卷一说道：“先以马通糠火去釜五寸温之九日九夜，推火附之又九日九夜，以火壅釜半腹又九日九夜。”“加马通糠火火之，九日夜止。”《太清金液神丹经》卷上讲到用“马屎烧釜”。唐朝炼丹经卷《阳阳九转成紫金点化还丹诀第七转》还说到用牛粪烧炼丹药。其实马通只是一种避讳式的雅称，李时珍《本草纲目》说道：“马屎曰通，牛屎曰洞，猪屎曰零，皆讳其名也。”

中国古代较早使用动物油作照明燃料。河北满城 1 号汉墓中山王刘胜墓出土的青铜羊灯，灯的腹腔内残留有白色沉积物，经中国科学院化学所测定化验，其含有油脂成分。同墓出土的一件铜卮锭，其内有一块残存的烛块，经化验与牛油相似。除了牛油作燃料之外，还使用羊油、猪油动物油等。此外，也使用昆虫蜡作燃料。古代的蜡燃料可分为黄蜡（蜂蜡和蜜蜡）、白蜡（虫白蜡）两种。西汉《西京杂记》记载南越王向汉高祖进贡“石蜜五斛，蜜烛二百枚”。这说明西汉初年，已使用蜜蜡作燃料。西晋张华《博物志》卷十记载了燃料蜂蜡的来源：“诸远方山郡幽僻处出蜜蜡，人往往以桶聚蜂，每年一取。”北魏贾思勰《齐民要术》还记载将动物油和蜜蜡合制成蜡烛的加工方法，文中说道："蒲熟时，多收蒲苔，削肥松大如指，以为心，烂布缠之，融羊牛脂，灌于蒲苔中，宛转于板上，桵令圆平，更灌更展，粗细足便止，融蜡灌之，足得供事，其省功十倍也。"

古代化学的操作过程

农业、医药、手工业等领域涉及的化学反应，第二、三章已有涉猎，不再累赘。这里就炼丹术作为化学成就的大宗，对其金丹术和黄白术中的相关化学操作过程作简略介绍。

1. 丹名与丹方

前文已介绍了动植物、矿物和其他类的丹药原料和产物。关于丹名和丹方，还介绍不多。在中国炼丹术中，丹名也分内丹、外丹两类，这里是讲外丹的丹名。依古代炼丹的方式，可将丹方分为水法、火法两类。水法炼丹主要是将矿物质与华池（醋）相互作用，制作丹药（悬浊液）。道藏本《三十六水法》记载了 35 种水、52 种丹方，成为水法炼丹的代表作，后来著成的《轩辕黄帝水经药法》也是水法炼丹著作。火法炼丹又分为炼金丹和黄白两种，这方面的著作占丹经要诀总量的绝大多数。炼丹术中的外丹也就是金丹术和黄白术。炼丹术是中国古代的重大技术发明和科学发现成果，但是古代典籍中到底记载了多少种丹方，多少个丹名，还有待系统挖掘和整理。

唐朝之前的丹，均由炉火煅烧制得，比如九转丹、曲晨丹、紫油丹、八景丹等。宋朝开始，出现丹药原料直接合成的锭、散、丸剂等成品药物，这些也都称为丹，比如飞龙夺命丹、护心夺命丹、紫雪丹等。因制丹方法不同，使得医药比炼丹术制得的丹在含义上扩大。日本现代医药学家冈西为人曾从满洲医科大学中国医学研究室珍藏 1 600 多种古代医书中，选取 322 种医书辑录丹方名 2 405 个，书名《丹方之研究》。这些丹药方剂仅 1 % 是炉火煅炼制得，其余的丹剂都是用药物原料直接合成。如今，我们所熟悉的丹药方剂，有不少都出自道教炼丹术。例如，北宋初年编撰《太平惠民和济局方》收录的震灵丹、经进地仙丹、玉华白丹等，均出自《道藏》。

1）火药配方

364年左右，炼丹经诀《太上八景四蕊紫浆五珠降生神丹方经》在提炼“八景丹”时，已形成了最早的原始火药配方。东晋成书的《太上八景四蕊紫浆五珠降生神丹方经》是道教《上清经》中两篇专讲炼丹的文献之一，共收录3种金丹和6种黄白。其中记载的“八景丹”炼丹配方，将24种药物放入丹釜，在丹釜底部，几乎是紧挨着（中间仅隔着一层空青）放进了2千克雄黄、1.5千克雌黄、0.5千克硝石和1.5千克薰陆香（植物）的粉状药物。这其实包含了传统火药中“一硝、二黄、三木炭”的基本组成成分。为了防止发生爆炸，炼丹家还有意用高熔点的空青将二黄与硝石、炭（碳化后的薰陆香）隔开，并采取缓慢加热和增大耐火隔热层的方法避免骤然升温。后来，唐朝道书《真元妙道要略》也记载：“有以硫磺、雄黄合硝石，并蜜烧之，焰起烧手面及烬屋舍者。”这仅有的23字生动描述了火药的成分、爆炸现象及效果。唐初孙思邈著《诸家神品丹方》卷五收录“丹经内伏硫磺法”说道：“硫磺、硝石各二两，令研。又用销银锅或砂罐子入上件药在内。掘一地坑，放锅子在坑内，与地平，四面却以土填实，将皂角子不蛀者三个，烧令存性，以钤逐个入之，候出尽焰，即就口上着生、熟炭三斤，簇煅之。候炭消三分之一，即去余火不用，冷取之，即伏火矣。”烧令存性指将皂角子高温焙干并炭化，使其不成灰。“丹经内伏硫磺法”也是一个由硝、硫、炭三种主要成分组成的火药配方，同时还将反应锅或罐埋入地下，这是采取了相应的防爆措施。唐朝中叶，清虚子《伏火矾法》用以马兜铃代替孙思邈丹方中的皂角作为炭，也是火药方子的一种。

在火药制作中，硝石是极重要的药物原料。其实，古人时常不易分别芒硝和硝石，但南朝梁时的陶弘景发现了一个简便易于操作的火焰鉴别法，即“以火烧之，紫青烟起，乃真硝石也。”真的硝石（硝酸钾）撒在燃烧的木材或木炭上，会发生爆发性燃烧，并发出紫色的火焰。这就是源于炼丹术的火焰鉴别钾盐法。

2）大丹：九转丹和曲晨丹

上清派有九转丹、九华丹和九光丹三大丹法。上清派“高真上法”有九转丹、四蕊丹、曲晨丹、琅玕丹四大丹。唐朝炼丹经卷《玄解录》称九转丹为三大“至药”之一：“又问曰至药有几般？君曰真正之门有三焉：一曰神符上仙上丹；二曰白雪中仙上丹；三曰九转下仙上丹。”而《金华玉女说丹经》更将九转丹誉为仙人传习的两大丹之一：“闻元上大道演度天人、宣说法要，其一名金液，其二名九转神丹，以授众真，普救世苦。”由此可以理解，陶弘景为何要耗费20年时间为南朝的梁武帝烧炼九转丹的原因。

九转丹更多的是强调炼制方法中的“转”。这个转作为炼丹常用术语，在不同时期、不同炼丹家对其有不同理解。汉魏两晋时期炼丹经卷《黄帝九鼎神丹经》说第四鼎“还丹”中的“转”，意思是出药在鼎中加热、冷却一次为一转。陈国符《中国外丹黄白法考》曾详举“转”之义14种。此外，还有三种解释，一是30日换鼎烧炼为一转，《云笈七签》卷六十三《真肘后方上篇 · 旨教五行内用诀》：“诀曰：九转二百七十日。每月换鼎至九鼎，换之便妙，不换亦得。”若不换鼎，则药在鼎中烧30日亦为一转，九转即烧270日。二是铅—砂—饼互变一次为一转，《云笈七签》卷六十四《金华玉女说丹经》：“元真曰：金液然矣，九转丹其术云何？玄女曰：烹铅为砂，化砂为饼，化资五液，实为通汁也。以饼归炉，收铅为砂，砂而复饼，终始数九，九阳也。九九相乘，化之为砂，其不尔者，粉白可用，是为九转矣。”三是铅熔泻地为一转。《太上八景四蕊紫浆五珠降生神丹方 · 九转炼铅法》：“取铅十斤，汞一斤，以器微火熔之，用铁匙掠取其黑皮，直令尽。每一遍倾在地上，复器中熔之。凡如此九遍讫。”

曲晨丹作为上清派的四大丹，也有多个异名。虽然曲晨丹的丹方记载不明，但通过文献梳理可知它主要含有毒性大和毒效快的砒霜。道经《真诰》所说的“琼精”，实际上就是“曲晨丹”的异名。陶弘景于卷十四“饮琼精而叩棺者，先师王西城及赵伯玄、刘子先是也”作注解：“王君昔用剑解（按即尸解之一），非龙胎（即太和龙胎丹诸丹），恐琼精即是曲晨（丹）耳。”陶弘景这个注解很到位。关于“曲晨丹”的效果，《太平御览》卷665引陶弘景的话稍微谈到一些：“太极上化符：以飞精书纸盛以紫囊，欲去时以系剑镮右，以曲晨飞精（按即曲晨丹）书剑左面，令至剑抄也。又太极藏景符：飞精书纸盛以绛囊，欲去时以系剑鞘右，以曲晨飞精书剑右面，令至剑抄也。又太极篆形符：以飞精书纸，临去之日服之，身生七色之云，自有电光。右以曲晨飞精书剑背，令皆两刃之际也。又太极解化符：恒日服一符，七年化去，朱书竹中帛秘要也，是合‘曲晨丹’成。临欲解化时以题剑，七年以后，朱题剑亦能解化。”可见，除了“叩棺”之外，“曲晨丹”的作用就是使人“解化（尸解）”，甚至7年后以其涂过的剑划破皮肤仍能置人于死地，其毒性不可谓不大。是什么样的物质有如此的毒性和稳定性呢？看来非砒霜莫属。事实上，“飞精”很可能是砒霜。《黄帝九鼎神丹经》所载第三鼎“神丹”，将“帝男（雄黄）二斤，帝女（雌黄）一斤”入上下土釜中升炼“凡三十六日”，“寒飞之，以羽扫取之，名曰‘飞精’，治之者曰‘神丹’”。因雄黄、雌黄“受热易分解，变成有剧毒的三氧化二砷”。三氧化二砷（As_2O_3）即砒霜。由此可见，神丹即飞精，即曲晨丹，即琼精，这也就是为什么服琼丹、飞精而叩棺和解化的原因。至于烧丹的时间，按《太平御览》卷七十一的说法，“合诸丹无用年岁好恶，惟日月中有期限及吉凶。琅玕以四月七月十二月中旬间发火，曲晨以五月中起火”。故曲晨丹之烧炼习惯以五月起火。

3）紫油丹

外丹中的丹名（丹药名称）往往有多个异名，多种丹方（丹药配方），多种丹法（丹药炼制方法）。不少丹方经历由繁复到简约，由定性炼制到定量操作的转变。例如《道藏》外丹经中的“紫游丹”有八种异名，两种丹方，多种炼制方法。

唐朝梅彪《石药尔雅》卷下辑录紫游丹异名5个，其中3个略异于《太清石壁记》，即步虚丹、举轻丹（《太清石壁记》名轻举丹）、到景丹（《太清石壁记》名倒景丹）、华景丹（《太清石壁记》名药景丹）、凌虚丹。唐朝清虚子《铅汞甲庚至宝集成》卷四记载："古歌云：号之紫游丹。《龙虎经》云：若得紫游丹，不死亦不难。葳蕤从此出，此药生万般。"

紫游丹的丹方，现有两种，分别载入《太清石壁记》《云笈七签》。《太清石壁记》紫游丹的丹方有20种矿物药，包括雄黄（As_2S_2）、雌黄（As_2S_3）、白石英（SiO_2）、紫石英（CaF_2，常夹杂Fe_2O_3）、钟乳（$CaCO_3$）、玉屑（主要成分是SiO_2、MgO和CaO）、朱砂（HgS）、石脑（$Fe_2O_3 \cdot 3H_2O$）、石胆（$CuSO_4 \cdot 5H_2O$）、礜石（$FeAsS$）、空青（$Cu_2(CO_3)(OH)_2$）、阳起石（$MgSiO_3$，$FeSiO_4$，$CaSiO_3$）、赤石脂（水化硅酸铝，含有较多的氧化铁等物质，其成分有硅42.93%、铝36.58%、氧化铁及锰4.85%、镁及钙0.94%、水分14.75%）、磁石（Fe_3O_4）、朴硝（$Na_2SO_4 \cdot 12H_2O$）、矾石（$KAl(SO_4)_2 \cdot 12H_2O$）、石膏（$CaSO_4 \cdot 2H_2O$）、寒水石有北南两种，北寒水石主要是含水硫酸钙（$CaSO_4 \cdot 2H_2O$），南寒水石主要是碳酸钙（$CaCO_3$）、汞霜（可能是HgO与$HgCl$的混合物）、消石（KNO_3），各取0.15千克。

《云笈七签》卷七十一《造紫游丹法》记载的丹方，包括朱砂、雄黄、曾青、石亭脂，各0.25千克；水银0.5千克，石胆0.15千克，白石英0.15千克，阳起石0.15千克，东岳石胆0.3千克，矾石0.3千克，朴消0.3千克，磁石0.15千克，共12种矿物药。这与《太清石壁记》丹方相对照，两丹方共有的矿物药有朱砂、雄黄、石胆、白石英、阳起石、东岳石胆、矾石、朴消、磁石、曾青（空青）10种。此外，《云笈七签》丹方独有石亭脂（S，即硫磺别名）、水银（Hg）2种。从丹方的成分来看，《太清石壁记》丹方多出自矿物药中有毒性更大，毒效更猛烈的礜石等药物。为减缓毒性，不仅要在药物的各类选择上有所改变，就是其用量也得有所讲究。因此，稍晚出的《云笈七签》紫游丹方，在诸多方面都加以了改进，尤其是丹的炼制方法。

2. 丹法的操作

古代医药和炼丹过程中的众多丹法，其实是化学的操作过程。

例如，秦汉之际《神农本草经》记载：“（水银）熔化还复为丹。”从丹砂中提纯了水银，水银继续加热又氧化为“丹”（氧化汞，HgO）。唐朝孙思邈《太清丹经要诀》记载：“造小还丹法：水银一斤，石硫磺四两。飞炼如朱色，依大丹法。”其实这说的是合成硫化汞的“小还丹”。不论是炼丹术中的金丹术和黄白术，在谈到“还丹”的丹法操作，均是化学反应的操作过程。

现代科学史家李约瑟、王奎克、赵匡华、郭正谊、孟乃昌等关于人工制造金银和假金银的丹法，有深入的研究成果。其中，化学史专家赵匡华和张惠珍对黄色的药金和银白色的药银，开展了大量的模拟实验和文献疏证工作。

东晋葛洪《抱朴子 · 内篇 · 黄白》高度称颂药金的价值：“化作之金，乃是诸药之精，胜于自然者也。”唐朝炼丹经卷《铅汞甲庚至宝集成》卷四引用《本草金石论》,录有药金 15 种。宋朝唐慎微《重修政和经史证类备用本草》和《铅汞甲庚至宝集成》不仅引用了相同的文字，而且还录有药银 12 种。不过，它都注明是抄录于《宝藏论》。《宝藏论》和《本草金石论》很有可能是同一册书。《宝藏论》收录的药金 15 种，即雄黄金、雌黄金、曾青金、硫磺金、土中金、生铁金、熟铁金、生铜金、鍮石金、砂子金、土碌砂子金、金砂子金、白锡金、黑铅金、朱砂金；药银 12 种，即真水银（似银的汞齐或以汞在表面着色的铜）、白锡银、曾青银、土碌银、丹阳银、生铁银、生铜银、硫磺银、砒霜银、雄黄银、雌黄银、鍮石银。唐朝黄白术的盛行状况，从这些炼丹文献中可窥得一斑。以下将提炼砷和制作彩色金的部分成果择要介绍。

1）提炼单质砷的丹法

《太清丹经要诀》记载“造赤雪流硃丹法”就是以雄黄（二硫化砷，As_2S_2）提取单质砷的丹法操作过程。《庚道集》的“丹阳术”篇列举多种“伏（死）砒法”。这些丹法的基本操作就是用草炭、蜜、脂类将容易“飞散逃逸”的砒霜（315℃）制伏为“死砒”。也就是用炭将氧化砷（砒霜，As_2O_3）还原为单质砷（As）。

随后，方术士们再用它直接点化赤铜为合金“丹阳银”（即砷白铜），这也就大大简化了炼制砷白铜的工序，并显著提高了炼制的质量。《庚道集》卷六还有一则“葛仙翁见宝砒”记载：“川椒、苍术、川狼毒、川练子、石韦、紫背虎耳。以信十两为末，一处研匀，入砂罐内，用水鼎打一盏水，大沸为度。候火消，次日取出。色如银，可以作匮，立可点化。”文中说的“信”，即信石（As_2O_3）。其中讲到 6 种含有碳的中草药，与信石（氧化砷，As_2O_3）合炼，便得到单质砷。此外，还有《庚道集》中收录有“死信法”“煅信法”等都是类似提炼单质砷的丹法。总的来说，古代提炼砷的丹法不外乎以下 4 种。

（1）雄黄、雌黄或礜石经焙烧或者与硝石合炼，便可制得砒霜。砒霜再同富含碳元素的木碳、松脂、动物油等合炼，就可得到单质砷。

$$2As_2S_2+7O_2 \rightarrow 2As_2O_3+4SO_2 \quad ①$$

$$2FeAsS+5O_2 \rightarrow As_2O_3+Fe_2O_3+2SO_2 \quad ②$$

$$2As_2O_3+3C \xrightarrow{\triangle} 4As+3CO_2 \quad ③$$

（2）将雄黄、雌黄任一种原料直接同木炭、油脂合炼，可提炼出单质砷。其化学反应也有①③的反应过程。这里采取合炼方式，可以表示为：

$$As_2S_2+2C \rightarrow 2As+CS_2$$

（3）将雄黄、雌黄任一种原料同金属锡、铁等合炼，通过置换反应，可制得单质砷。

（4）将砒石或砒霜同木炭、油脂、蜜合炼，可直接制得单质砷。

2）伏雄雌二黄用锡法

古代炼丹的黄白术士在提炼单质砷过程中，还制出了含锡的彩色金。《太清丹经要诀》记载：“伏雄雌二黄用锡法（据法合有雌黄，今元本内阙）。雄黄十两，未之。锡，三两。铛中合熔，出之，入皮袋中，揉使碎，入坩埚中，火之。其坩埚中安药了，以盖合之，密固，入风炉吹之，令埚同火色。寒之，开。黄色似金，堪入伏火，用之，佳也。二物准数别行。”

化学史专家赵匡华和张惠珍对《太清丹经要诀》中的“伏雄雌二黄用锡法”，进行了模拟实验。首先，将 3 克锡粒放入瓷坩埚中加热熔化。然后，将 10 克中药雄黄加入锡熔液，搅动后的两种物质化合生成黑色的熔块（SnS）。冷却之后，将黑紫色的块状物捣碎，再放入坩埚，坩埚之上再叠放一个坩埚，以减少下坩埚的内空间，并用盐泥封固两坩埚的间隙。在电压 220 伏下，用 1 000 瓦的电炉升温，持续加热 5 小时。冷却之后，下埚底部是黑色团块，块缝和块底有一层层金黄色闪亮鳞片状结晶物质。在埚的内壁与团块表面凝聚大量银灰色闪亮结晶。经 X 线衍射分析法鉴定，银灰色的结晶物质是单质砷（As），金黄色的结晶物质是彩色金，即硫化高锡（SnS_2）。依据模拟实验的操作过程，用雄黄或雌黄点化白锡成彩色金的反应过程主要有两步：

$$As_2S_2+2Sn \rightarrow 2As+2SnS$$

$$As_2S_2+2SnS \rightarrow 2As+2SnS_2$$

《太清丹经要诀》记载“伏雄雌二黄用锡法”，文中的“据法合有雌黄，今元本内阙”是后人抄录时所加的注。这个制作彩色金的原料配比中，并非以雄雌二黄混用，其实仅采用雄黄（二硫化砷，As_2S_2）或雌黄（三硫化砷，As_2S_3）任一种原料同锡合炼，皆可制得彩色金。采用下埚叠式和对式进行对比实验，上埚将在 550℃～660℃的不同温度下加热，以 640℃为最佳温度。其中，原料以雄黄或雌黄与锡的最佳比例为 3:1。可见孙思邈记录 0.5 千克雄黄或雌黄比 0.15 千克锡的比例，确实非常精确。

3. 豆腐的制作

中国制作豆腐的历史由来已久。清朝文人高士奇撰杂文著作《天禄识余》记载：“豆腐，淮南王刘安造，又名黎祁。”相传汉朝淮南王刘安在八公山烧药炼丹时，以石膏点豆汁，从而发

豆腐制作工序

明豆腐。1960 年，河南密县打虎亭东汉墓发现石刻壁画，科技史专家黄兴宗认为这幅壁画描写的是豆腐的制作过程。谢绰《拾遗》也说道：“豆腐之术，三代前后未闻有此物，至汉淮南王亦始传其术于世。”《事物原会》记载：“吴夔门云：向见书中载有豆腐名鬼食，孔子不食一说，以豆出浆，其渣滓分量称之不少颣黍，腐乃豆之魂魄所成，故谓之鬼食，惜忘书名，无从考证，便志于此。”传说和壁画的揣测虽无法证实豆腐的真正起源，但这些推测也是可供参考的。

中国现代化学史家袁瀚青认为五代才有豆腐。五代陶谷《清异录》记载，当时人们将豆腐称为“小宰羊”，认为其营养价值堪比羊肉。日本学者筱田统曾依此条文献记载，认为豆腐源自唐朝后期，文中说道：“为青阳丞，洁己勤民，肉味不给，日市豆腐数个。”关于豆腐的记载，其实至宋朝时已非常普遍。南宋诗人陆游记载宋朝大文豪苏东坡非常喜欢吃蜜饯豆腐面筋；吴自牧《梦粱录》记载，京城临安的酒铺卖豆腐和煎豆腐。1183 年，日本官员神主中臣佑重在日记中提到“唐腐”，这应该是豆腐的另一名称。此后不久，日本僧人日连上人在书信中也提到一种类似豆腐的记载。但“豆腐”这个名词，直到明朝中期才出现于日本。

豆腐是中国的传统佳肴，但关于豆腐制作过程的文献记载却极度缺乏。或许豆腐作为大江南北一道极普遍的家常菜，况且它的制作过程简单易做，人们倒是将生活中最平常的事物忽略了。《辞源》讲到豆腐的制作过程：“豆腐以黄豆为之，造法水浸捣碎，滤去滓，煎成，淀以盐卤汁，就釜收之，又有入缸内，以石膏末收者。”虽然解释简略，但豆腐的制法过程确实如此。首先将黄豆洗净，浸入清水中，夏天约七八小时，冬天约一整天，待大豆膨胀后，以指压豆，豆向下凹即可。然后，以豆和水放入磨内，磨成乳浆，由磨口流于木桶，后移入布袋之中，榨取其汁，得豆浆。豆浆加热至沸腾，数分钟后，倒入大木桶内稍作冷却，再倾入盛有盐汁或石膏末的另一木桶中，待其凝固后，又将豆浆倒入豆腐框的布袋中，将活动木板压在上面，再放上重物，令豆浆脱去水分，榨干后，即为豆腐。

5 中国古代化学的作用

以上各章节对中国古代的化学知识及其技艺的发展情况作了部分梳理。中国古代化学在农业、医药、军事、染织、冶铸、造纸等领域，推动了古代科技的发展，促进了人类社会的进步。尽管这些叙述并不全面，但是结果表明，中国古代化学具有悠久、丰富、独特、多样的历史与成就。这些化学知识与技艺连同其他的科技智慧，谱写了中国辉煌绚丽的古代科学技术图景。同时，这些成果也改善和丰富了人们的生产生活，推动了中国社会的发展与转型，沟通了海内外科技文明的交流，促进了人类思维的开放与发展，成为中国乃至世界文明的重要组成部分。

推动社会发展与转型

在古代化学领域，中国既发现、总结了丰富的科学知识，又创造、传承了丰富多样的化学工艺。这些化学知识及技艺来源于人们生产生活的实践，同时又为人们的实践活动服务，不断改善和丰富生产生活，推动社会的发展与转型。

火的使用，使远古人类提高了适应环境的生存能力，改善了饮食的营养结构，促进了人类体质的发展和脑的进化。周口店北京人遗址中有成堆的灰烬和兽骨，这说明最晚在50万年前中国这片土地上生活的人类已使用火。中国早期文献记载上古时代的燧人氏“钻木取火，炮生为熟”。火的使用是人类历史的一大进步。正如恩格斯《反杜林论》说到火的使用：“第一次使人支配了一种自然力，从而最终把人同动物界分开。”人们利用火攻击各种猛兽，使得当时的猎物对象也趋于多样化，这也就扩大了食物的来源。同时，火烧的熟食还大大缩短了人类食物的消化过程。熟食提供了更为丰富有效的营养与能量，保障了饮食卫生，促进了人脑的进化，而且还赢得了更多的劳动和休闲时间。火的使用不仅对人类体质发展起着重要作用，而且也提高了人类适应外部环境的能力。例如抵御自然气候的寒冷与潮湿，各种疾病，甚至其他猛兽的侵扰和威胁，从而保障了人类的生命安全，延长了寿命。总的来说，火的使用大大改善了人类的生产生活状况，在一定程度上提高了人类的生命质量。此外，人类还使用火烧制陶器，冶炼矿石提炼金属和锻造器具。如果说火的使用开启了人类克服自然的伟大征程，那么运用火开始制陶、冶铸等一系列的文明活动，就是人类走向文明社会的重要途径和表征。

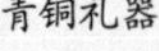

青铜礼器

青铜人面钺

古代化学技艺推动人类生产工具的逐步改进，促进生产力的发展，推动社会转型。制陶技术成为新旧石器文明的标志之一，彰显人类高超的技艺。夏商周时期，陶瓷技艺、青铜冶铸等工艺都有了显著进步。近代以来，考古出土了大量陶与青铜制作的生产生活用具乃至礼器，尤其是青铜器成为这个时代的重要标志。从石制的锄、铲、斧等生产工具到青铜工具，人类的生产工具得到改进，促进了生产力的发展。青铜冶铸技术的发明，标志着中国上古时代进入青铜文明，因此，夏商周时期也被称为青铜时代。中国铁器的起源时间可以上推至商朝的铁刃铜钺，其铁刃是以陨铁煅制。矿冶知识与技艺经过长期的积累，直到春秋战国时期，才对铁矿石有更深入的认识和初具规模的开采。《管子 · 地数》《山海经 · 中山经》《考工记》等典籍都记载了铁矿知识及其冶铸技艺。春秋时期，铁犁等铁器生产工具的发明和推广使用，极大地提高了生产力。同时，也推动了金、银、铜、铁、锡、铅等的开采加工。春秋时期，冶铁技术的发明和铁器的广泛使用推动了中国社会步入铁器文明。在中国历史上，化学作为科学技术的重要组成部分，成为起推动作用的革命力量，一直推动中国社会的演进。

古代化学技艺推动手工业的发展，生产的产品种类繁多、用途多样，丰富了人民的生活。古代矿冶、陶瓷、酿造、造纸等手工业的发展，使化学知识朝技能化、专门化、大众化方向发展，促进社会结构的分化与融合。商周时期的“工商食官”说明专业的手工业者是为官府的手工工场劳动。春秋战国时期，随着生产力的发展，私营手工业兴起，不仅满足了人们的衣食住行等日常生活中需要的产品，而且还总结了一整套的生产技艺和方法。这推动了古代化学技艺朝大众化方向发展，同时也改善了劳动生产关系，在一定程度上促进了生产力的发展。木材、炭、煤、焦炭等的加工，为冶铸业和人民的生活提供了重要的燃料。从矿石中提取金、银、铜、铁、锡、铅等金属的冶金铸造业，生产车马器、兵器、生产与生活用具等。陶瓷业的发展，不仅烧制了众多生活用具，还制作了艺术品，促进了人们审美观念的提升，也提高了生活的质量，为后人留下了丰厚的文化遗产。

古代化学技艺重视手工业与农业的生产实践，推动经济社会乃至文化的繁荣发展。古代的科学技术活动，包括化学在内，都非常重视成果的实用性。这种实用性是以农业生产生活为中心的实践活动。比如酿造技艺中的酒、醋、酱、糖、脯、腊等，都是为解决人们的吃喝生存而发明的化学工艺。医药化学的成果也是为保障人们的生命健康而重视医药的实效。春秋时期，冶铁业的进步有了质的飞跃。铁犁这种实用生产工具的发明和推广，引发了一系列的社会变革，使得经济上井田制瓦解，政治上分封制崩溃，文化上出现百家争鸣。东汉少府尚方令蔡伦利用廉价的树皮、麻头、破布、破渔网原料，改进造纸术，发明了树皮造纸技术，改变了中国古代书写的历史进程。104 年，蔡伦将用新方法造出的纸张献给汉和帝刘肇。114 年，蔡伦被封为龙亭侯，皇家工场尚方所造的纸被称为“蔡侯纸”。蔡伦在加工过程中极有可能采用了碱液蒸煮制浆的方法，即使树皮

汉朝犁头　　蔡伦　　活字印刷模板

脱胶制浆，又不破坏原料的纤维结构，大大改进了制浆技术。这成为现代造纸使用用碱法制浆的先驱。蔡伦改进造纸术改变了以木牍竹简作为主要书写材料的历史进程，此后的中国造纸技术不断改进和发展，推动了中国书写文化与文明的传承与繁荣。宋朝毕昇发明活字印刷，更是促进了文化的传播。造纸术和印刷术，为中国古代社会及其文明传承发展提供了重要的科技支撑。

中国古代化学成果重视实用性，轻视科技理论的挖掘、总结与创新。中国古代化学的探索活动大多是个人行为，缺乏集体协作甚至政府或官方的大力支持。在中国传统社会里，传承化学技艺的主体往往是那些没有社会保障与地位的手工业者。这些都成为古代化学长足发展乃至迈向近代化学的重要障碍。造成这些障碍的根本原因是自给自足的小农经济生产方式以及维系这种生产关系的政治制度。

启迪化学探究的科学思维

化学是研究物质的组成、性质、结构、变化及其规律的基础性自然科学。人类在自觉和不自觉的化学实验与实践活动中,通过观察、体验、联想、对比、思考、总结等思维过程，不仅获得了化学知识、化学技艺和化学产品，而且启迪了人们的思维和智慧。

中国古代化学成果是了解化学本身的重要依据。中国古代化学的成果非常丰富，它包括中国古代化学的发展脉络、手工业与农业等领域具体的化学技艺、化学发现和化学技艺发明的方式与手段等。这都反映了中国古代认识物质以及物质产生原因、过程、结果的诸多智慧。中国古代化学从萌芽到兴起和发展，都没有完全独立于实践而发展成为纯理论的科学。因此，中国古代化学往往有源于实践的浓厚技艺色彩。中国古代化学成就与其说是通过科学探究取得，倒不如说是中国传统科学思维发展的必然结果。这种思维是以农耕文明为物质基础，以实用为目的，将阴阳五行学说一以贯之，赋予化学探究活动理性、系统的科学思维，在一定程度上发挥了其应有的科学功能和价值。

理性思维活动建立在经验知识或者说感性知识的基础上，通过人脑的抽象与概括、分析与归纳、归纳与演绎、推理与判断等过程得以实现。一直以来，人们都以为中国古代化学乃至整个古代科学技术都缺乏理性思维，并认为中国古代没有理性科学的因素。其实是中国古代将这种理性思维直接运用于具体的科学实践中，它往往表现为实用性、操作性的科学成果。中国古代化学对物质的认识，比较重视实践中观察到的物质变化，总结物质的性状、功能和所属类别。《道德经》第四十章说的“有生于无”，就是对物质变化规律的认识。在制陶、冶铸、酿造、炼丹等过程中，原来的物质被新的物质取代，体现了“有生于无”的化学变化过程。《周礼 · 天官冢宰下》依酒的酿造时间与过程，把酒分为五齐、三酒、四饮等种类。中国的五行说将物质分为金、木、水、火、土五类，讨论物质相生相克的关系。这对认识物质的性质、分类和功能有一定的积极意义。此外，在古代化学技艺与经验知识之中，古人还有一些科学幻想与推断，其中不乏天才般的异思妙想，这也是科技创新的重要推动因素之一。古代化学乃至整个古代科学技术的进步，作为社会进步的根本动力之一，助推其他领域的变革与发展。春秋战国时期随着生产力的发展，思想文化领域出现百家争鸣的思想解放局面，彰显对人性与社会的理性思考和智慧。

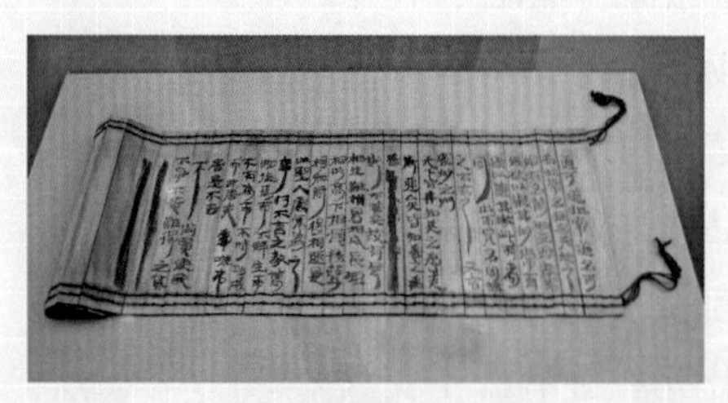

老子《道德经》书影

王弼注《老子道德经》书影

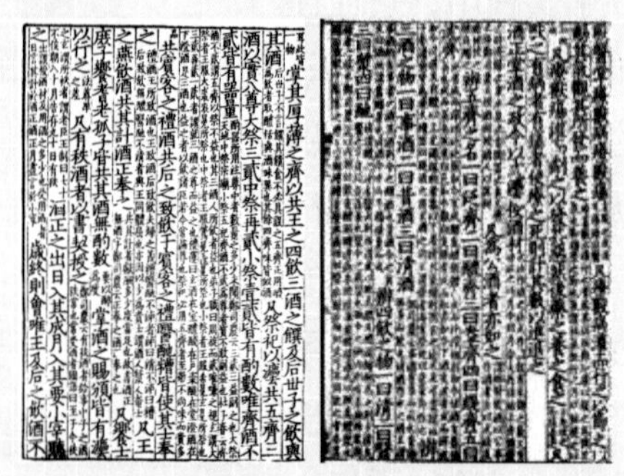

郑玄注《周礼》书影
（南宋婺州市门巷唐宅刻本）

中国古代化学成就与活动突显天人合一、负阴抱阳的系统思维，注重人与自然的和谐统一，强调物质之间相生相克且共存。中国古代化学从活动的出发点和归宿点来说，都不主张主宰外部世界，而是通过化学知识与技艺挖掘和完善人类主宰自身的能力，并力求在自然与社会中保持平衡。英国著名科学史家贝尔纳曾说："我们不能因为没有关于古代化学理论的著作，就推断从前不存在化学理论。"这一论断也适用于中国古代化学的研究。中国古代炼丹术充分运用阴阳五行学说探讨物质的生成以及化学变化等，体现了这种认识物质变化的系统思维。《云笈七签》卷七十三《大还心鉴》说道："一金一石谓之丹，亦合天地也。……如丹唯一阴一阳，龙虎二物。"《通幽诀》说道："一阴一阳之为道，一金一石之为丹。石乘阳而热，金得阴而寒，此乃魂魄相应，理势必然。"这是用阴阳学说解释物质的化学反应过程，从而生成新的物质。

贝尔纳在《历史上的科学》第二版序言中说："科学在铸造世界的未来上能起决定性作用，已经不成问题。为了明智地运用科学，就科学同社会的关联来研究科学史是依然有价值的。"

阴阳学说不仅用于解释不同物质之间的化学反应，而且也用来分析物质的化学成分与性质。《金华玉女说丹经》说："一石之中分阴阳，为金玉，故谓一阴一阳之道。"中国古代炼丹家对物质化学性质的认识，往往以这种整体的物质观来审视其化学变化。炼丹经诀《大洞炼真宝经九还金丹妙诀》记载："化石，谓能消化金石，故号化石，

贝尔纳《历史上的科学》书影

地總七十二石統天地精光修鍊成丹服之
延駐何不信乎且五穀既能救命豈可不奉
神丹黄精猶服長生勾物服之必死目擊可
見真聖春之然神丹至寶萬人之中得者皆
宿契道合久留心志非一朝一旦可致耳然
還丹之靈不救自刑之禍聖人慈愍不救宿
業之殃此亦在人心弘道旨又不可信任狂
非感之神術乎今以大丹心鏡者明心彼心
明丹中至藥不感他物物非其類丹必不靈
心非道心修成必禍此深可戒而省已修性
也論大丹唯一陰一陽謂之道即合天機也
一金一石謂之丹亦合天地也一金者真鉛
中白虎是也一石者丹砂中水銀是也陶埴
真人云若用世間水銀化白煙此真言也神
符白雪門馬真人曰汞與水銀別迷人用之
拙即知此言從凡化聖聖不離凡因凡入聖
凡中有聖聖中出凡即知水銀本在丹砂中
出合鉛汞成至寶色還本丹丹更不能却歸
水銀即真汞矣既至真汞即從凡入聖可以
統領萬靈即馬真人云汞與水銀別也自後
之學者寡學生疑至此矣陶真人云若言非
世間水銀又云砂產於金也汞生於鉛也此
非世間何不審之妙旨矣自古真人皆從凡
入聖與大丹同契以至上昇而迷者多惑如
丹唯一陰一陽龍虎二物鉛是水一之名北

《云笈七签》卷七十三《大还心鉴》书影

是太阴之极气，至阴之灵精，功能制极阳之金石，能伏能化，变炼之力，合于玄英，力至灵也。”这是对物质阴阳属性的归纳性认识。丹经要诀在记载炼丹原料、燃料、丹药等物质时，充分运用阴阳整体论分析和概括物质的化学特征。古代炼丹以“类”统摄物质观的整体论。《周易参同契》第九章《同类合体》对“类”作了阐述：“以类辅自然，物成易陶冶。……类同者相从，事乖不成宝。……杂性不同类，安肯合体居。”“相类”即同类，物质必须同类，由阴阳构成的不同物质方能产生化学反应。炼丹经诀《参同契五相类秘要》对物质的“类”作了深入的阐述。其中，就同类物质在化学性质与反应作了多重的直观对比，如形象对比、个别对比、纵横对比、灵感对比等。当然，我们也得客观认识到：这些观察与联想的对比分析思维，缺少对物质时空条件及其成分的科学分析。这容易导致探究活动偏离科学探索的正确道路，终不得其果。这或许是中国古代炼丹术为何在清朝式微，并且没能跨入近代化学行列的根本原因之一。

中国古代化学成果在一定范围和较大程度上，可以说是自觉探究的结果。中国历代炼丹家在探寻灵丹妙药的实践中，总结炼丹经验，概括、归纳、分析众多物质的来源、变化、性质、功能等，形成了一整套的炼丹理论、原则与方法。这一客观事实和成果，突显其炼丹活动有较强的自觉性。综合陶瓷、冶铸、造纸等手工业、医

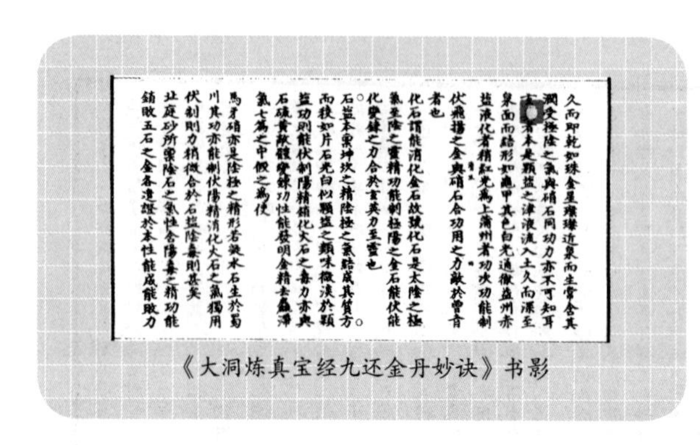
久而即乾如珠金星璨璨迸泉而生常含其
潤受極陰之氣與硝石同功力亦不可知耳
[illegible]者本是顆鹽之津液流入土久而凝至
泉面而結形如龜甲其色白光通徹益州赤
鹽液化者稍紅光爲上蒲州者功次功能制
伏飛揚之金與硝石合功用之力敵於曾青
者也
化石訂能消化金石故號化石是太陰之極
氣至陰之實精功能制極陽之金石能伏能
化變鍊之力合於玄英力至靈也
○石鹽本稟坤坎之精陰極之氣結成其質方
而狀如片石光白似顆鹽之類味微淡於顆
鹽功則能伏制陽精硝化大石之毒力亦與
石硫黃敵體變鍊功性能發明金精去蟲滓
氣七篇之中假之爲使
馬牙硝亦是陰極之精形若纇水石生於蜀
川其功亦能制伏陽精消化大石之氣獨用
伏制則力稍微合於石鹽陰毒則甚矣
北庭砂所稟陰石之氣性含陽毒之精功能
銷敗五石之金各達於本性能成能敗力

《大洞炼真宝经九还金丹妙诀》书影

药、农业生产技艺等方面来看，中国古代化学确实缺少深入探究科学事业的理论家与思想家。但是，中国古代化学成果根植于当时人们的实用需求，历代有学之士或依文献或据实际经验，不断完善和推进，留下了富含化学知识和技艺的典籍。这种文化自觉，客观上推动了中国古代科学事业的进步，这种科学探索精神至今仍是我们科技创新的重要源泉之一。化学发明与发现并非为了化学事业本身。毕竟化学事业是人类创造的科技事业。它的活动及其成果更是为了人类自身及其社会的可持续发展。这也正是中国古代化学乃至中国古代科学技术留给我们的重要精神财富。

中国古代化学大事记

约50万年前	北京人已经用火。
公元前8000—前6000年	中国已能制作陶器。
公元前3000年	中国已有酿酒技艺。
公元前2000年	中国齐家文化遗址出土文物中有冶铸红铜器。
约公元前1700年	中国开始冶铸青铜，商朝青铜代表作有司母戊大方鼎、四羊方尊等。
公元前16—前11世纪	中国黄金加工技术有一定水平，已利用陨铁冶铸铁器，发明石灰釉、釉陶，并有了原始青瓷。
公元前12世纪	中国用锡、铅及汞的某些化合物，出现镀锡铜器。
约公元前6世纪	中国发明生铁冶炼技术。
公元前468—前376年	《墨经》提出关于物质的无限可分限量的“端”学说。
公元前370—前318年	惠施提出“小一”是组成物质的最小单位。
公元前5—前3世纪	《尚书·洪范》记载五行学说，解释物质的生成及相互关系。
公元前5—前3世纪	《山海经》记载丰富的药物学与矿物学知识。
公元前4世纪	《考工记》记载世界上最早的青铜合金成分的研究。

约公元前4世纪	铸铁柔化处理技术。
公元前247—208年	《史记》记载始皇陵地宫内“以水银为百川江河大海”。
公元前2世纪	马王堆汉墓考古出土的女尸、医书、药物等化学资料。 用胆水炼铜（用铁还原硫酸铜）。
公元前179—前122年	西汉淮南王刘安主撰《淮南万毕术》记载浸铜法等化学知识。
公元前140—前87年	西汉发明造纸术（麻纸）；铅釉陶作冥器，出现在关中墓葬。
公元前1—1世纪	中国第一部古代药物学专著《神农本草经》成书。
1世纪	《汉书·地理志》记载“高奴有洧水（石油）可燃”。东汉明帝、安帝时，狐刚子撰《出金矿图录》《五金粉图诀》《河车经》《玄珠经》等，成为金银地质学与冶金学先驱，最早记载干馏法制造硫酸。
105年	东汉蔡伦改良造纸术，造出物美价廉的纸。
秦汉时期	考古发现在浙江、江西等地出现技术成熟的青瓷。
2—5世纪	魏伯阳《周易参同契》，万古丹经之王。
232—300年	西晋张华《博物志》记载利用天然气。
约360年	东晋葛洪《抱朴子·内篇》记载炼丹、医药等化学知识，如灰吹法炼金，汞、铜、铅、砷等化学工艺，合金加工技艺等。
约364年	炼丹经诀《太上八景四蕊紫浆五珠降生

	神丹方》在提炼“八景丹”时，已形成最早的原始火药配方“一硝、二黄、三木炭”的基本组成成分。
5世纪后期	陶弘景《本草经集注》，原书存有残篇，其主要内容被收入《证类本草》。书中说“钢铁是杂炼生鍒作刀镰者”，最早明确记载生铁和熟铁合炼成钢（灌钢）。
6世纪	总结出灌钢法，将生铁水灌注进熟铁中的渗碳制钢技术。唐李延寿《北史（卷八十九）·艺术列传》记载北齐道士綦母怀文曾用灌钢法制造一种宿铁刀。北齐武平六年（575）范粹墓首次发现北朝白瓷。
533—544年	贾思勰《齐民要术》，记载染色、酿酒、制醋、造纸等化学技艺。
634—659年	炼丹经典《黄帝九鼎神丹经诀》成书，记载黏结法炼金、升炼氧化汞、加工铅粉等化学知识。
659年	唐朝政府颁行《唐本草》。
7—8世纪	唐朝孙思邈《伏硫磺法》记载火药的三种成分。兴起唐三彩。
9世纪	唐朝清虚子《铅汞甲辰至宝集成》记载火药配方。火药开始用于军事。
937—975年	五代南唐朱遵度撰《漆经》（已佚），是中国最早的漆工艺专著。
1000年	北宋初年，唐福制造火药箭、火球、火蒺藜等火药武器。
1044年	北宋曾公亮、丁度《武经总要》，记载众多兵器、火器、器械等。

1092年	北宋沈括《梦溪笔谈》，记载石油、天然气等化学知识；最早出现“灌钢”一词。
1131—1153年	南宋初年，王灼撰《糖霜谱》，全面叙述中国南宋前的蔗糖史。
13世纪中叶前	中国火药传入阿拉伯世界。
1445年	明朝张宇初及其弟张宇清奉诏主持编修的《正统道藏》刊行，收录众多炼丹术的丹经，记录了丰富的化学知识。
15世纪初	明朝初年，铸造黄铜时已普遍使用大量的金属锌。
	《墨娥小录》记载用蒸馏法制配香水、分离金银合金等化学知识。
15—16世纪	明唐顺之（1507—1560）《武编》卷五“铁”条记载了在灌钢冶炼法基础上发展起来的苏钢冶炼法。
1567—1572年	明朝隆庆年间，新安民间剔红艺人黄大成撰《髹饰录》，天启五年（1625）嘉兴漆工杨明为此书作注。
1596年	明朝药物学家李时珍著成《本草纲目》。
1607年	明朝张国祥辑印《万历续道藏》，补录不少炼丹道经，记录了丰富的化学知识。
1637年	明朝宋应星《天工开物》，详细记载炼锌技术；灌钢冶炼方法又有了进一步发展，采用了铁液增碳的“生铁淋口”法。
1662—1722年	清朝康熙年间，发明珐琅彩瓷和粉彩瓷。

参考文献

[1] 丁绪贤. 化学史通考 [M]. 北京：商务印书馆，1936.

[2] 李乔苹. 中国化学史 [M]. 北京：商务印书馆，1940.

[3] 张子高. 中国古代化学史 [M]. 香港：商务印书馆，1977.

[4] 曹元宇. 中国化学史话 [M]. 南京：江苏科学技术出版社，1979.

[5] 郭保章，董德沛. 化学史简明教程 [M]. 北京：北京师范大学出版社，1985.

[6] 周嘉华. 化学思想史 [M]. 长沙：湖南教育出版社，1986.

[7] 张家治. 化学史教程 [M]. 太原：山西人民出版社，1987.

[8] 凌永乐. 世界化学史简编 [M]. 沈阳：辽宁教育出版社，1989.

[9] 赵匡华. 化学通史 [M]. 北京：高等教育出版社，1989.

[10] 郭保章. 世界化学史 [M]. 南宁：广西教育出版社，1992.

[11] 周嘉华，曾敬明，王扬宗. 中国古代化学史略 [M]. 石家庄：河北科学技术出版社，1992.

[12] 王治浩. 中国化学家与化学学会 [M]. 北京：北京大学出版社，2012.

[13] 王明. 抱朴子·内篇校释 [M]. 北京：中华书局，1980.

[14] 宋应星. 天工开物 [M]. 上海：商务印书馆，1932.

[15] 容志毅. 中国炼丹术考略 [M]. 上海：生活·读书·新知三联书店，1998.

[16] 容志毅. 道藏炼丹要辑研究（南北朝卷）[M]. 北京：齐鲁书社，2006.

[17] 袁翰青. 中国化学史论文集 [M]. 北京：生活·读书·新知三联书店，1956.

[18] 黄兆汉. 道藏丹药异名索引 [M]. 台北：台湾学生书局，1989.

[19] 张子高. 中国化学史稿：古代之部 [M]. 北京：科学出版社，1964.

[20] 张子高. 中国古代化学史 [M]. 香港：商务印书馆，1977.

[21] 曹元宇. 中国化学史话 [M]. 南京：江苏科学技术出版社，1979.

[22] 赵匡华. 中国古代化学史研究 [M]. 北京：北京大学出版社，1985.

[23] 赵匡华. 中国炼丹术 [M]. 香港：中华书局，1989.
[24] 袁翰青. 中国化学史论文集 [M]. 北京：生活·读书·新知三联书店，1956.
[25] 袁翰青，应礼文. 化学重要史实 [M]. 北京：人民教育出版社，1989.
[26] 郑集. 中国早期生物化学发展史（1917—1949）[M]. 南京：南京大学出版社，1989.
[27] 周嘉华，曾敬民，王扬宗. 中国古代化学史略 [M]. 石家庄：河北科学技术出版社，1992.
[28] 李乔萍. 中国化学史 [M]. 北京：商务印书馆，1940.
[29] 冯家昇. 火药的发明和西传 [M]. 上海：上海人民出版社，1954.
[30] 章鸿钊. 古矿录 [M]. 北京：地质出版社，1954.
[31] 王琎. 中国古代金属化学及金丹术 [M]. 北京：中国科学图书仪器公司，1955.
[32] 齐如山. 中国固有的化学工艺 [M]. 台北：中国新闻出版社，1956.
[33] 王奎克. 中国炼丹术中的金液和华池 [J]. 科学史集刊，1964(7).
[34] 张觉人. 中国炼丹术与丹药 [M]. 北京：学苑出版社，2010.
[35] 陈国符. 道藏源流考 [M]. 北京：中华书局，1963.
[36] 陈国符. 中国外丹黄白法考 [M]. 上海：上海古籍出版社，1997.
[37] 陈国符. 陈国符道藏论文集 [M]. 上海：上海古籍出版社，2004.
[38] 李国豪，张孟闻，曹天钦. 中国科技史探索 [M]. 上海：上海古籍出版社，1982.
[39] 潘吉星. 李约瑟文集 [M]. 沈阳：辽宁科学技术出版社，1986.
[40] 郭兰忠. 矿物本草 [M]. 南昌：江西科学技术出版社，1995.
[41] 尚志钧. 中国矿物药集纂 [M]. 上海：上海中医药大学出版社，2010.
[42] 赵匡华，周嘉华. 中国科学技术史·化学卷 [M]. 北京：科学出版社，1998.
[43] 刘广定. 中国科学史论集 [M]. 台北：台湾大学出版中心，2002.
[44] 韩吉绍. 知识断裂与技术转移——炼丹术对古代科技的影响 [M]. 济

南：山东文艺出版社，2009.
[45] 韩吉绍.道教炼丹术与中外文化交流 [M].北京：北京书局，2015.
[46] 王根元，刘昭民，王昶.中国古代矿物知识 [M].北京：化学工业出版社，2011.
[47] 宋应星.天工开物 [M].北京：中华书局，1959.
[48] 马王堆汉墓帛书整理小组.五十二病方 [M].北京：文物出版社，1979.
[49] 王奎克，朱晟，郑同，等.砷的历史在中国 [J].自然科学史研究，1982(2).
[50] 赵匡华.中国古代化学的矾 [J].自然科学史研究，1985(2).
[51] 赵匡华，张清健，郭保章.道教炼丹术与中外文化交流 [J].自然科学史研究，1990(3).
[52] 陈盾.中国上古胶黏剂及应用 [J].中国科技史料，2003(4)
[53] 缪启愉.齐民要术校释 [M].北京：中国农业出版社，2009.
[54] 曹元宇.中国化学史话 [M].南京：江苏科学技术出版社，1979.
[55] 张觉人.中国炼丹术与丹药 [M].成都：四川人民出版社，1981.
[56] 赵匡华，张惠珍.中国炼丹家最早发现元素砷 [J].化学通报，1985(10).
[57] 赵匡华.中国炼丹术 [M].香港：中华书局，1989.
[58] 孟乃昌.道教与中国炼丹术 [M].北京：北京燕山出版社，1993.
[59] 孟乃昌.道教与中国医药学 [M].北京：北京燕山出版社，1997.
[60] 陈国符.中国外丹黄白法考 [M].上海：上海古籍出版社，1997.
[61] 容志毅.中国炼丹术考略 [M].上海：生活·读书·新知三联书店，1998.
[62] 容志毅.道藏炼丹要辑研究(南北朝卷) [M].济南：齐鲁书社，2006.
[63] 容志毅.东晋道士发明火药新说 [J].化学通报，2009(2).
[64] 朱越利.道藏说略 [M].北京：北京燕山出版社，2009.
[65] 尚志钧.中国矿物药集纂 [M].上海：上海中医药大学出版社，2010.

［66］姜生，汤伟侠．中国道教科学技术史（汉魏两晋卷）［M］．北京：科学出版社，2002.
［67］姜生，汤伟侠．中国道教科学技术史（南北朝隋唐五代卷）［M］．北京：科学出版社，2010.
［68］张资琪．略论中国的镍质白铜和它在历史上与欧亚各国的关系［J］．科学，1957（2）．
［69］周嘉华，赵匡华．中国化学史（古代卷）［M］．南宁：广西教育出版社，2003.
［70］杜石然，范楚玉，陈美东，等．中国科学技术史稿（修订版）［M］．北京：北京大学出版社，2012.
［71］梅建军．中国古代镍白铜及其西传［J］．中国社会科学报，2012（1）．
［72］沈国威．译名“化学”的诞生［J］．自然科学史研究，2000（1）：55-71.
［73］刘广定．中文“化学”源起再考［M］．台北：台湾大学出版中心，2002：99.
［74］恩格斯．自然辩证法［M］．北京：人民出版社，1995：143.
［75］于志勇．新疆考古发现的钻木取火器初步研究［J］．西部考古，2008：197-215.
［76］张寿祺．海南岛黎族人民古代的取火工具［J］．文物，1960（6）：72-73.
［77］李露露．热带雨林的开拓者［M］．昆明：云南人民出版社，2003：332-337.
［78］禾子．“苦聪人”过去的生产简况［J］．文物，1960（6）：71-73.
［79］郝娟，利民．半坡史前工场之钻木取火：不仅仅是观众体验项目［N］．中国文物报，2014-02-28（7）．
［80］夏之乾．苗族原始取火方法［J］．东南文化，1997（2）：92-95.
［81］河北省文物研究所．藁城台西商代遗址·商代酿酒A［M］．北京：北京文物出版社，1985：175.
［82］关增建，李志超．中国古代存在过原子论吗？［J］．自然科学史研

究，1991（4）：327-335.
[83] 盖建民.道教外丹黄白术理论与古代化学思想略析［J］.西南民族大学学报，2006（12）：112-117.
[84] 傅鹰.黄子卿著的“物理化学”［J］.化学通报，1956（4）：63-64.
[85] 邓文通.蓝靛瑶蓝靛文化中的科学技术［J］.广西民族学院学报，1996（2）：81-84.
[86] 李约瑟.中国科学技术史（第一卷）［M］.上海：上海古籍出版社，1990：287.
[87] 李治寰.中国食糖史稿［M］.北京：农业出版社，1990：140-142.
[88] 尚志钧.《本草图经》的考察［J］.安徽中医学院学报，1990（3）：51-54.
[89] 袁翰青.历代几种重要本草中的无机化学知识［M］.北京：生活·读书·新知三联书店，1956：251.
[90] 万荣.李约瑟对张华《博物志》的关注和研究［J］.社会科学论坛，2015（1）：69-70.
[91] 石声汉.石声汉农史论文集［M］.北京：中华书局，2008：293-294.
[92] 杜金鹏.安阳后冈殷代圆形葬坑及其相关问题［J］.考古，2007（6）：76-89.
[93] 任相宏.山东长清仙人台遗址发现邿国贵族墓葬［N］.中国文物报，1995-12-17（1）.
[94] 陈盾.中国上古胶黏剂及应用［J］.中国科技史料，2003（4）：359-365.
[95] 黄丹.孙权派兵五千盗南越王墓？尚留七大疑问待解［N］.广州日报，2013-06-14（AII2）.
[96] 尚志钧.中国矿物药集纂［M］.上海：上海中医药大学出版社，2010.
[97] 张君房.云笈七签［M］.济南：齐鲁书社，2002：577.
[98] 郭兰忠.矿物本草［M］.南昌：江西科学技术出版社，1999：216.
[99] 曹元宇.寒水石是什么？［J］.化学通报，1987（10）：60.

[100] 李约瑟.中国科学技术史（第五卷）化学及相关技术（第二分册）炼丹术的发明和发现：金丹与长生［M］.北京：科学出版社，2010.
[101] 贝尔纳.历史上的科学［M］.北京：科学出版社，1981：70.
[102] 刘文典.淮南鸿烈集解［M］.合肥：安徽大学出版社，1998：588.